AF502255

EXPOSITION UNIVERSELLE

DE 1855.

PRODUITS

DES

ÉTATS PONTIFICAUX.

PALAIS DES BEAUX-ARTS ET DE L'INDUSTRIE.

ÉTATS PONTIFICAUX.

COMMISSAIRE :

M. LE BARON DU HAVELT ✠,

Commandeur de l'Ordre pontifical de Saint-Grégoire-le-Grand,
Membre de la Commission des arts et édifices religieux
au ministère de l'instruction publique et des cultes.

Beaux-Arts, section de Sculpture,

JURÉ :

M. LOUIS CALAMATTA ✠,

Correspondant romain de l'Institut de France,
Directeur de l'Académie des Beaux-Arts à Bruxelles.

NOTICE

SUR

LES PRODUITS

DES

ÉTATS PONTIFICAUX

A L'EXPOSITION UNIVERSELLE,

PAR

CH. DE MONTLUISANT,

Capitaine d'artillerie.

PARIS.

IMPRIMERIE BAILLY, DIVRY ET Ce,

PLACE SORBONNE, 2

1855

En entreprenant de rendre compte des produits envoyés par les États pontificaux (1) au Palais des Beaux-Arts et de l'Industrie, nous avons accédé au désir qu'avait bien voulu nous témoigner M. le baron Du Havelt, commissaire pontifical. Si nous n'avions consulté que nos forces, nous aurions décliné cet honneur et cette tâche ; nous avons accepté, parce que nos tendances, nos affections découlent du Saint-Siége, y retournent comme à leur source, et que nous sommes heureux de pouvoir offrir à Sa Sainteté un humble tribut d'hommage, de gratitude et d'amour.

(1) Les produits napolitains sont placés au Palais, dans le département des États pontificaux; nous les examinerons avec ceux-ci, et nous procéderons pour tous suivant la classification officielle.

Bien que de grandes facilités eussent été accordées aux industriels des Deux-Siciles pour prendre part à l'exposition universelle, un petit nombre seulement s'étant présenté, leur gouvernement n'a pas jugé qu'il fût convenable de réclamer une place spéciale pour leurs produits. Toutefois, afin de ne pas priver ceux qui avaient répondu à l'appel de la France de l'avantage de figurer au Palais de l'Industrie, la légation des Deux-Siciles a obtenu de la nonciature apostolique qu'une cordiale hospitalité fût donnée aux Exposants napolitains et siciliens dans le compartiment des États pontificaux, où M. le baron du Havelt les a reçus avec empressement.

Cette Notice a paru en feuilleton dans l'*Univers*; accueillie avec indulgence, nous la publions aujourd'hui en brochure, afin de redresser bien des erreurs, de faire apprécier les efforts de l'industrie romaine, et de mettre sous les yeux de tous les encouragements journaliers et le haut patronage dont Pie IX ne cesse d'entourer les artistes et les industriels.

DE MONTLUISANT.

30 Octobre 1855.

La première partie de notre travail est consacrée aux beaux-arts, la seconde, à l'industrie; dans toutes deux, nous avons suivi l'ordre adopté par la Commission impériale.

PREMIÈRE PARTIE.

BEAUX-ARTS.

Rome ancienne. — Rome moderne. Son influence sur les beaux-arts.

Il y a plus de dix-huit siècles que Rome a vu ses empereurs asservir l'ancien monde, réunir les chefs-d'œuvre de la patrie de Périclès, ceux de l'Orient, et saisir d'une main puissante le sceptre des sciences, des lettres et des arts. Les émules de Fabius Pictor, de Papirius Cursor, de S. Carvilius, peuplèrent la ville des Césars d'édifices magnifiques, de statues et de peintures. Auguste, Mécène, Agrippa, évoquent le souvenir des habiles artistes de cette époque, Arcésilas, Pasitèles, Zopyre, Criton, Nicolaüs Strongylion, Dioscoride le sculpteur, etc., etc. Enfin, l'histoire ancienne tout entière nous montre les temples dont les portiques et les sanctuaires étaient ornés des dépouilles opimes des peuples vaincus, de peintures sur bois, de boucliers, de statues recueillis des quatre points du monde.

C'est sous Auguste que Rome a commencé à devenir la patrie adoptive des artistes et des savants. Le goût des arts s'infiltra bien vite au milieu de cette société pleine de mollesse, adonnée au luxe, et déjà en décadence. La découverte des ruines de *Pompéi* et d'*Herculanum* en est la preuve; elle a étonné le monde moderne, elle nous a permis de nous asseoir, pour ainsi dire, à la table des contemporains de Pline-le-Jeune et de Trajan. D'autres, plus habiles, ont raconté la perte de ces villes écrasées sous un déluge brûlant et liquide ou sous la cendre; mais nul ne peut décrire l'admiration et l'étonnement général lorsque des fouilles progressives découvrirent tour à tour des rues, des trottoirs, des maisons, la trace des chars, les sillons de leurs roues, enfin des palais, des édifices, des bains, des théâtres, une ville entière. Naples recueille avec le plus grand soin jusqu'aux plus minces débris de ces trésors qu'on trouve chaque jour sur les pavés déserts de ces villes greco-romaines. Le voyageur tressaille en reconnaissant sur les murs la blouse gauloise qui couvre encore les épaules de nos cultivateurs, le capuchon et la capote des *Buveurs de Pompéi*, qui se perpétue aujourd'hui sur les côtes de la Méditerranée dans le bonnet ordinaire des matelots et des marins.

Au Moyen Age, Rome, la ville éternelle comme on l'appelle, a été le théâtre des plus grands triomphes et des plus sanglantes catastrophes ; elle est restée la plus magnifique de toutes les villes. On a conservé le souvenir de ces terribles conquérants, qui, pendant des siècles, insultèrent l'Italie et sa capitale. Tour à tour prise, abandonnée et reprise, Rome s'est toujours relevée. Les ruines de l'antique ville de Romulus restent admirables ; elles le doivent aux saints Pontifes qui entourent la Chaire du prince des Apôtres d'un éclatant prestige et d'une sainte majesté. Les progrès des arts de la civilisation actuelle se liront partout et toujours sur les murs de cette grande cité.

Il n'entre pas dans notre sujet de rappeler les origines de l'école nationale. Depuis Giotto jusqu'aux élèves de Raphaël, sa supériorité ne saurait être contestée. Ceux qui veulent en avoir une idée exacte n'ont qu'à étudier ses plus grands maîtres : Léonard de Vinci, Michel-Ange, Raphaël, Le Titien, Le Corrège, etc., etc. Ces puissants génies ont établi la primauté de l'école italienne et fait douter de rencontrer dans l'avenir des artistes capables de les égaler ou de les surpasser.

L'art n'est pas seulement la production d'une œuvre quelconque destinée à captiver l'imagination humaine; ce n'est pas non plus l'habileté qui consiste à bien remplir ce besoin de l'imagination. Ce n'est pas la collection des procédés matériels que le peintre, le sculpteur, l'architecte, le mécanicien, sont obligés d'employer pour arriver au résultat de l'imitation. L'art ne commence qu'au moment où l'emploi de ces procédés réalise l'imitation, crée l'œuvre, la rend capable d'agir sur notre âme ; l'art enfin, c'est le mobile même, c'est le ressort caché qui fait que l'imagination humaine est attachée, émue, satisfaite par l'imitation des objets extérieurs ; c'est ce principe qui chez les uns détermine l'imitation des objets extérieurs, et chez les autres fait accepter cette imitation comme une jouissance.

L'art tel que nous le sentons, tel que nous venons de l'énoncer, ne se trouve nulle part à un degré aussi complet que dans le peuple romain. Quoi de plus naturel après tout? Des gens qui ne sauraient traverser une rue, se promener sur une place ou entrer dans une église sans rencontrer des chefs-d'œuvre de toutes les époques, reçoivent presque à leur insu l'éducation la plus profitable ; aussi une statue, une peinture passionne la foule, et quand un artiste hors ligne viendra comme Canova se fixer à Rome et y exposer son *Thésée vainqueur du Minotaure*, personne n'attend, pour admirer, que les experts aient défini son talent ; la masse s'émeut, elle apprécie par instinct, chacun en un mot devine, proclame le grand homme qu'adopte la postérité, et le Saint-Père consacre le sentiment public en inscrivant le marquis d'Ischia au livre d'or du Capitole.

L'influence de Rome et de ses trésors sur les artistes du monde est immense. Presque tous, comme l'illustre Rubens, sont venus tour à tour étudier et apprendre à cette source inépuisable. Il serait bien facile, au milieu de la pléiade actuelle, de prouver que c'est dans la cité romaine, dans l'école de la villa Médicis, dans cette institution de Louis XIV, que nos grands maîtres ont puisé cette connaissance de l'antiquité, cette pureté de dessin qui caractérise et honore leur pinceau.

La critique moderne aura beau s'épuiser en efforts impuissants, la sculpture et la peinture ne pourront jamais se perfectionner sans l'imitation. Le séjour de Rome apprendra toujours les secrets de l'antiquité ; il continuera à montrer les ressources qu'on peut trouver dans la nature, la multiplicité infinie des accidents qu'elle développe ; elle aidera toujours les hommes d'élite à faire un pas de plus dans le chemin de la gloire et de la perfection.

Les artistes romains sont, sans doute, peu nombreux en 1853, mais au lieu de proclamer ce fait avec une intention malveillante, il serait plus juste d'en rechercher la cause; elle est bien facile à saisir.

Les souverains modernes sont presque tous à la hauteur de leur époque; ils visitent et encouragent les Expositions; ils emploient la plus grande partie de leur liste civile et de leur cassette particulière à encourager les jeunes artistes et les savants. Nos palais, nos jardins et nos églises sont ornés aux frais de l'Etat; voilà le grand mobile employé pour vivifier les forces de la France, voilà ce qui lui a aidé à grandir et à devenir la fille chérie de la peinture et de ses sœurs. Mais ces ressources puissantes, inépuisables, qui sont dans les mains d'un Napoléon, elles font défaut aux héritiers de Léon X et de Jules II. Les Papes n'ont plus les ressources des Médicis. La bourse des peuples ne vient plus aider aux successeurs de saint Pierre. Les familles patriciennes, dont la fortune est modeste, bornent, pour la plupart, leur ambition à conserver les tableaux anciens qu'elles possèdent. Ce n'est donc, le plus souvent, que pour des étrangers de passage que les artistes italiens sont réduits à travailler.

Il y a, dans cette situation financière, un empêchement dont il serait juste de tenir compte, surtout quand on voit le premier ministre de Pie IX, le cardinal Antonelli, encourager et diriger lui-même la décoration d'une église comme celle de Saint-Paul-hors-les-Murs.

Ils sont loin de nous ces temps de joie et d'amour où tous les peuples se considéraient comme les enfants de Rome, où le chrétien ne mourait content qu'après s'être prosterné aux pieds du Saint-Père et avoir pleuré sur le tombeau de Jésus-Christ. Les décrets de l'avenir sont impénétrables. Mais nous voyons déjà depuis plusieurs années de pieuses caravanes partir des rivages de la France pour la Judée ; ne désespérons pas de voir de nouveau le Saint-Siége présider aux destinées du monde catholique, recevoir aide et assistance de toutes les nations coalisées, et employer les trésors du monde entier au service de Dieu.

Peinture.

La liste des artistes dont nous allons analyser les œuvres aurait pu être beaucoup plus étendue ; mais la difficulté du transport, les dangers de la route ont fait reculer les habiles sculpteurs Tenerani, Galli, Revelli, Tadolini, etc., etc. Ce n'était pas sans raison. Tout le monde sait qu'on a eu à déplorer la perte et la détérioration de quelques objets du plus grand prix. Le même motif a tenu éloigné du concours les peintres Minardi, Coghetti, Capalti, Chierici, etc.... Quoi qu'il en soit, voici ceux qu'on peut examiner ou étudier au Palais des Beaux-Arts en 1855 :

M. Agneni (Eugène), né à Rome, élève de Coghetti de Bergame. Le n° 665 représente *Ève effrayée à la vue du serpent* qui lui rappelle sa première faute. Ce tableau, commandé par le marquis Ala-Ponsoni, de Milan, mérite d'être signalé comme empreint d'une pensée très heureuse. Ève veut préserver sa famille, elle prend Abel dans ses bras et cherche à éloigner son autre fils. L'instinct de Caïn est bien saisi, son caractère est bien indiqué par le mouvement de l'enfant qui veut se précipiter sur l'animal. Le même auteur a présenté sous le n° 666 six dessins représentant les *phases de la vie humaine*. Nous croyons savoir que ces cartons ne sont que le commencement d'une œuvre plus importante destinée au palais de M. Locca, à Gênes. Ces petites compositions sont pleines de grâce et de naïveté.

M. Bompiani (Robert), né à Rome, élève de l'Académie de Saint-Luc, a envoyé sous le n° 667 un sujet tiré de la divine comédie du Dante, c'est *Virgile et le Dante transportés par Gerione*, et sous le n° 668 la *Vierge et l'Enfant Jésus*.

Le chevalier Ferdinand Cavalleri, peintre du roi de Sardaigne et membre des académies de Saint-Luc et de Rome, a retrouvé un procédé particulier qu'il appelle *bichromographique* et qu'il a employé pour peindre *le prophète Jérémie*. Ce tableau porte le n° 669. M. Cavalleri jouit en Italie d'une réputation méritée.

M. Leighton (Frédéric), né à Scarbro, élève de M. Edouard Steinle. N° 670, *Réconciliation des familles Montecchi et Capulet en présence des cadavres de leurs enfants*.

Les miniatures de M. Medici (François), de Bologne, sont nombreuses; elles sont exposées sous le n° 671. Ce sont des réductions des œuvres de Perugin, de Guido-Reni, du Titien, etc., etc.; celle que nous préférons est la copie du portrait de Mme Lebrun, d'après l'original qui existe à Florence.

Le chevalier Michel-Ange Pacetti, de Rome, sous le numéro 2,327, a donné une *Vue de la place de Saint-Pierre du Vatican* au moment de la distribution des drapeaux de l'empire à l'armée expéditionnaire par le commandant en chef, M. le général Gémeau.

Nous arrivons à un des premiers peintres d'histoire de Rome, le chevalier François Podesti. Nous regrettons vivement que cet artiste n'ait pas suivi l'exemple général et adressé au Palais des Beaux-Arts quelques-unes de ses œuvres capitales. Il y a surtout à Ancône un tableau dont nous avons conservé le souvenir, le *saint Etienne*, qui aurait prouvé que l'habile professeur est à la hauteur de sa belle réputation. La grande page qu'on admire sous le numéro 772 dénote chez son auteur l'entente de l'art, la pratique du métier, l'habitude du dessin. Son tableau représente le *Siége d'Ancône sous Frédéric Barberousse, en* 1160. Le moment choisi est celui où le conseil communal, ranimé par l'énergie d'un de ses membres, d'un vieillard, fait jurer aux habitants sur les drapeaux de la patrie de vaincre ou de mourir. Cette toile est mal placée, trop haut; il est impossible de l'examiner et de l'apprécier. Le jury rendra sans doute justice à cette belle conception, qui avait droit à une place d'honneur.

Un Français, M. Souslacroix, fixé depuis longtemps à Rome, a voulu figurer à l'Exposition parmi les artistes de sa patrie adoptive et a envoyé plusieurs dessins sous les numéros 673, 674, 675; ce sont des sujets religieux, et, sous le numéro 676, une peinture représentant la *Tête de Jésus en croix*.

M. le chevalier Tosi a reproduit, dans un dessin à la plume, les magnifiques portes en bronze de la basilique de Saint-Pierre du Vatican. Ces portes ont été composées par le sculpteur florentin Antoine Filarète, et coulées en bronze par les frères Pollapuoli. Elles ont été commandées par le pape Eugène IV, afin de perpétuer le souvenir du Concile de Florence, où fut décrétée la réunion des Eglises grecque et romaine. Le dessin du chevalier Tosi, sous le numéro 677, porte 90 centimètres de hauteur sur 50 de largeur.

Sculpteurs romains.

Depuis la mort de Canova et tout dernièrement de celle de M. Lorenzo Bartolini, l'Italie semble se recueillir. Nous regrettons bien vivement l'absence de Tenerani. Il n'aurait pas dû reculer devant les dangers du voyage. M. BENZONI, élève de l'Académie de Saint-Luc, n'a pas suivi cet exemple, et cet artiste courageux et habile a droit à toutes nos sympathies et à tous nos encouragements. Il a exposé sous les nos 678, 679, 680 et 681 quatre petits sujets en marbre blanc représentant l'*Amour maternel*, la *Bienfaisance, Saint Jean-Baptiste enfant* et l'*Espérance en Dieu*. Nous préférons les deux premiers, dont le caractère enfantin est bien saisi et bien rendu. La statue en plâtre de Pie V (no 683), est bien modelée. Nous espérons que ce modèle restera en France. *Eve tentée par le Serpent* (no 682) est une statue en plâtre, détachée d'une grande composition où se trouvent la *Création d'Eve*, le *Bonheur du Paradis terrestre*, l'*Expulsion d'Adam et d'Eve*, la *Mort d'Abel*. Cet artiste a été des plus malheureux, il a eu plusieurs statues fort importantes brisées dans le transport : elles représentaient l'*Amour trompeur, Sainte Anne et la bienheureuse Vierge enfant*, etc. Son exposition, ainsi mutilée, ne montre que bien imparfaitement son talent et ses efforts.

M. BIEN-AIMÉ Louis, de l'Académie de Saint-Luc, a essayé de réaliser l'apothéose de Napoléon Ier. Sous le no 684 il a envoyé un buste en marbre blanc avec aigle et couronne.

M. Bonnardel, premier grand prix en 1851, expose une statue en marbre sous le n° 685. Elle représente *Ruth*. Le personnage est bien composé, les ajustements sont bons, la tête seule n'est pas aussi heureuse et nous semble manquer un peu de caractère.

M. Gibson John, élève de Canova et membre de plusieurs académies, a voulu partager ses travaux et sa réputation entre sa patrie adoptive et la vieille Angleterre. Rome a été favorisée de sa belle *Amazone blessée* (n° 687). M. Gibson est incontestablement un des plus habiles parmi les artistes romains qui ont pris part à l'Exposition de 1855. Il a du talent, il connaît l'antique, il sait manier le ciseau ; pour devenir un sculpteur hors ligne, il lui faudrait plus de vérité et un peu de ce feu sacré qui fait palpiter les créations de son maître et de Michel-Ange.

Un buste en marbre de M. Stattler, n° 688, représente les traits du général baron Chtaporoski. Enfin M. Wolff, natif de Berlin, a essayé, sous le n° 689, une imitation des statues coloriées antiques : c'est une statuette marbre et bronze. La *Minerve* commandée par M. le duc de Luynes et la *Canéphore*, sont les seuls ouvrages de ce genre que l'on rencontre au Palais des Beaux-Arts.

Gravure.

Un Romain, M. le comte Biondi, a gravé par un nouveau procédé de son invention une *Descente de Croix* du célèbre peintre portugais Segueira (2361). Le moyen nouveau, que nous n'avons pas étudié par nous-même, se recommande par sa rapidité, par la transparence et le fini qu'il permet d'obtenir.

Il ne nous reste plus à nommer que M. Louis CALAMATTA, né à Civitâ-Vecchia, correspondant romain de l'Institut de France, juré des Etats-Pontificaux pour la sculpture. Ce graveur célèbre, élève de Marchetti, de Giangiacomo, a exposé une série de gravures du plus grand mérite (du n° 4610 à 4621) : ce sont la *Vision d'Ezéchiel* et la *Paix*, d'après Raphaël ; la *Vierge à l'hostie*, le *Vœu de Louis XIII*, le *Portrait du duc d'Orléans*, celui *du comte Molé*, d'après Ingres ; le *Masque de Napoléon Ier*, la *Joconde* de Léonard de Vinci, la *Françoise de Rimini*, d'après M. Ary Scheffer ; le *Portrait de M. Guizot*, d'après M. Paul Delaroche ; enfin celui *du roi d'Espagne*, d'après M. de Madrazo. Au milieu d'un cadre contenant un nombre considérable de portraits, on en remarque plusieurs faits d'après nature, et parmi eux celui de M. Thevenin. Les amateurs n'ont pas tous les jours la bonne fortune de pouvoir comparer les tableaux originaux et la reproduction de nos habiles graveurs. La planche du *Vœu de Louis XIII*, le morceau capital de cette exposition individuelle, a demandé plus de dix années de travail et de soins à son auteur.

Deux-Siciles.

Des Etats de l'Eglise, nous passons naturellement aux Etats napolitains, qui exposent peu d'objets dans la section des beaux-arts.

Un jeune artiste, M. LANZIROTTI, né à Naples et élève de l'école de Palerme et de M. Pollet, a tout à attendre de l'avenir. Cet artiste, au début de sa carrière, a exposé un groupe un peu plus grand que nature, qui représente *Erigone et Bacchus* (n° 541). Ce plâtre, d'une conception dont on se plaît à admirer l'ampleur, a valu à l'auteur les suffrages les plus encourageants et les plus distingués.

M. Paris, napolitain, élève de MM. Bertin et Gosse, a présenté au palais des Beaux-Arts deux petits tableaux d'animaux sous les nos 538 et 539; on en remarque le dessin qui est bon et les tons qui sont chauds et excellents.

Enfin, M. Patania, de Palerme, élève de son père, a obtenu dans un pastel des tons si vrais, que son portrait n° 540 reproduit les effets ordinaires de la peinture la plus soignée.

Nous avons indiqué les noms des principaux artistes italiens qui font défaut au Palais des Beaux-Arts. Leur absence, que nous ne saurions trop regretter, nous engage à donner, sous forme de note, un article publié à Rome il y a quelques mois à leur sujet et sur leurs travaux :

(*Journal l'Univers, n° du* 19 *Juin* 1855.)

Nous avons reçu, il y a quelques jours, la note suivante, jointe comme une sorte de supplément au *Journal de Rome*; il nous a paru utile d'en donner la traduction :

Les beaux arts en Italie. — M. Th. Gautier consacre de longs articles à décrire, dans le *Moniteur universel* de France, les objets d'industrie et de beaux-arts qui font partie de la grande Exposition de Paris. Dans un article du numéro 139 du journal officiel, il fait observer que l'art se développe, grandit, s'élève ou déchoit selon les temps et les circonstances, et après avoir dit que l'Italie a tenu, pendant trois siècles, le sceptre de la peinture, de la statuaire et de l'architecture, il ajoute : « La patrie de Léonard de Vinci, de Michel-Ange, de Raphaël, du Corrège, du Titien et de Paul Véronèse se repose maintenant ; autrefois si féconde, elle n'est plus aujourd'hui qu'un musée. Elle ne figure à l'Exposition que pour mémoire ; de ses magnifiques écoles florentine, romaine et vénitienne, il ne reste que des chefs-d'œuvre ; elles n'ont plus d'élèves. A peine si quelques copistes s'attachent à reproduire des peintures qui s'effacent. Mais l'Italie, *alma parens*, a largement payé son tribut au genre humain, et nous ne serons pas assez malheureux pour insulter à sa misère. Après la Grèce, elle a donné au monde le type le plus élevé du beau. Qu'importe après cela si elle ne vient au congrès de l'art moderne que pour couvrir quelques toises de murailles d'assez médiocres tableaux ? C'est nous qui sommes encore ses débiteurs (1). »

L'élégant écrivain chargé de décrire l'Exposition de Paris déclare qu'il se gardera bien d'insulter à l'Italie. Mais il n'y a certainement pas d'insulte plus grande que celle-là. Heureusement, ce qui l'emporte dans notre esprit, c'est l'idée que M. Gautier ne sait pas quel est l'état actuel des arts en Italie, quoiqu'il ait eu soin de dire que pendant quinze ans il a parcouru en « juif errant de l'art, » la Grèce, l'Italie, l'Espagne, l'Angleterre, la Belgique, la Hollande et l'Allemagne ; ce qui l'emporte, c'est l'idée qu'il juge des arts en Italie uniquement d'après le petit nombre d'objets qu'ils ont donnés à l'Exposition de Paris ; sans cela nous devrions dire qu'il y a tout à la fois chez M. Gautier ignorance et mauvaise volonté à notre égard. Rome, Milan, Florence et Venise ne prétendent pas à l'honneur d'avoir aujourd'hui des émules de Léonard de Vinci, de Buonarotti, de Raphaël, du Corrège, du Titien et de ce petit nombre de grands artistes dont le nom est encore célèbre et glorieux dans toutes les contrées

(1) N'ayant pas sous les yeux l'article du *Moniteur*, nous nous sommes contenté de ramener, autant que possible, au texte français la traduction de l'écrivain italien. Nous ne craignons pas que M. Th. Gautier y trouve sa pensée sensiblement altérée, et cela suffit, car c'est plutôt le fond que la forme qui est ici en cause

du monde civilisé; on ne prétend pas avoir des peintres et des sculpteurs de ce mérite, parce qu'il n'est pas dans l'ordre de la nature que l'on en voie souvent. Néanmoins, l'Italie conserve encore aujourd'hui le privilége d'être supérieure aux autres nations dans les beaux-arts. On ne voit à l'Exposition de Paris que peu de tableaux et très-peu de statues d'artistes italiens : mais cela prouve-t-il par hasard que l'Italie n'est plus qu'un musée, et qu'elle n'a plus de disciples de ses magnifiques écoles romaine, florentine et vénitienne? S'il y a un si petit nombre de produits de l'art italien à la grande Exposition, il faut l'attribuer uniquement à ce que les artistes, et plus encore ceux qui sont chargés de leurs intérêts, n'ont pas voulu exposer aux chances et aux périls d'un long voyage des tableaux et des statues qui eussent couru grand risque d'y être endommagés, comme cela s'est vu.

La France se glorifie d'avoir en peinture Ingres, Vernet, Delacroix, Decamps et d'autres qui ont fait recevoir leurs tableaux à l'Exposition; mais l'Italie n'était-elle pas peut-être en mesure d'envoyer quelques œuvres de ses peintres qui n'eussent été inférieures en rien à celles des artistes français? Même au delà des Alpes, on connaît les noms de Grigoletti et de Lipparini de Venise, de Bezzuoli de Florence, de Palagi de Turin, de Hayez de Milan, de Coghetti de Bergame, de Podesti, Capalti, Agricola, Minardi, Consoni et Gagliardi de Rome, de Chierici de Reggio. Tous ces artistes (sans parler de bien d'autres qui ont aussi leur valeur) auraient pu envoyer à Paris des tableaux que M. Th. Gautier eût été certainement forcé de louer et d'admirer. Et parce qu'ils ne l'ont pas fait, on en accuse l'état de l'art moderne en Italie, et l'on vient nous dire qu'il n'y a plus ici que quelques copistes qui s'attachent à reproduire des peintures qui s'effacent. Et cependant les artistes que nous venons de citer n'occupent pas leur pinceau à faire des tableaux de genre, mais à faire des tableaux d'histoire d'après les traditions des écoles italiennes, à peindre à fresque des palais, des chapelles et des églises monumentales Les juges impartiaux seront ici seuls compétents pour décider si les Italiens sont aujourd'hui, comme peintres, inférieurs aux artistes français ou à ceux des autres nations.

Que dirons-nous maintenant de la sculpture? M. Gautier, qui se permet de dire que l'Italie n'est plus aujourd'hui qu'un musée, n'a qu'à chercher en France, en Allemagne, en Angleterre et ailleurs, il verra s'il y trouvera un sculpteur qui puisse rivaliser avec ceux que nous avons en Italie. Tenerani est à lui seul un artiste que les autres nations peuvent nous envier; s'il eût expédié à l'Exposition de Paris le monument sépulcral du marquis Connestabili de Ferrare et celui du comte Karoly de Hongrie, tous deux composés d'un certain nombre de statues; s'il y avait envoyé la *Descente de croix* faite pour le prince Torlonia, les statues colossales du roi de Naples et de Bolivar, le *Printemps*, la *Psychée évanouie*, etc., il aurait éclipsé la gloire de quelque artistes que ce soit qui maintenant triomphe dans le grand temple de l'art moderne, et M. Gautier lui-même n'aurait pu lui refuser le témoignage de son admiration.

Mais Tenerani est-il peut-être le seul en Italie qu'on doive appeler un grand sculpteur?

Sans parler de Cacciatore et de Sangiorgio de Milan, de Ferrari de Venise, de Vola de Turin, de Costoli et Dupré de Florence, les seuls sculpteurs qui résident à Rome suffisent pour démontrer évidemment que de nos jours la statuaire est dans son plus grand éclat en Italie. Si Benzoni, Revelli, Tadolini, Rinaldi, Jacometti et Bienaimé eussent voulu envoyer les œuvres qu'ils ont dans leurs ateliers, chacun aurait pu juger si en effet l'Italie se repose, comme dit M. Gautier, ou si elle s'exerce encore à donner la vie au marbre. Benzoni pouvait montrer le monument de l'empereur d'Autriche, François Ier, et celui du cardinal Angelo Maï, le groupe de l'*Amour couvert de la peau de l'agneau*, l'*Innocence défendue par la Fidélité*, l'*Ange de la pureté*, la *Reconnaissance*, enfin, pour abréger, le groupe d'*Eve*, œuvre certainement admirable. Tadolini pouvait faire figurer à l'Exposition la colossale statue équestre de Bolivar; Jacometti, le groupe du *Baiser de Judas*; Rivelli, la statue colossale de Colomb et bien d'autres œuvres conduites à terme; Bienaimé, l'*Harmonie*, *Psyché abandonnée*, l'*Ange gardien guidant l'Innocence*, et d'autres statues estimées qui lui ont été commandée par la cour impériale de Russie; Rinaldi, *Armide revêtant les armes de Renaud*, *Sapho et Faune*, *Metabo et Jeanne d'Arc*. En voyant à l'Exposition tant d'œuvres d'un tel mérite, chacun aurait pu dire si l'Italie ne tient pas encore aujourd'hui le premier rang dans l'art de la sculpture.

Mais parce que ces objets, et tant d'autres que l'on peut voir dans les ateliers de Rome, n'ont pas été envoyés à Paris, faudra-t-il dire maintenant que l'Italie se repose et qu'elle n'est plus qu'un musée ? Il est bon assurément, il est louable d'encourager les arts dans son pays, mais cela n'autorise pas à mépriser ce qui se fait ailleurs. Que M. Gautier exalte les artistes ses compatriotes, mais qu'il n'ôte rien pour cela au mérite réel des autres. La terre qui fut le berceau de Michel-Ange et de Canova n'est pas seulement un musée, mais un sol qui enfante encore des artistes, et en assez grand nombre pour en envoyer dans les pays étrangers, tels que le graveur Calametta, directeur de l'Académie de Bruxelles; Bruni, premier peintre en Russie; Marochetti, sculpteur en Angleterre; Pistrucci, graveur de la Monnaie royale de Londres. Non; l'Italie n'est pas seulement un musée, mais une terre où l'on voit de grands artistes animer le marbre et disséminer leurs œuvres dans toutes les parties du monde. La dépouille mortelle des célèbres graveurs Jesi et Toschi est à peine refroidie, et Rome peut se glorifier d'avoir, dans le professeur Mercuri, le premier des graveurs existant aujourd'hui en Europe. Quiconque visite les ateliers de ceux de nos principaux sculpteurs qui résident à Rome, peut y voir une nombreuse école de jeunes gens tous appliqués à leur travail sous la direction de maîtres si distingués; on voit les uns faisant des statues, les autres s'occupant d'en reproduire pour répondre aux demandes de certains amateurs; et l'on en voit faire ou reproduire non pas seulement pour l'Italie, mais pour l'Angleterre, la Russie, l'Allemagne et l'Amérique.

Et si de toutes les contrées du monde civilisé on s'adresse ainsi aux artistes italiens, il est évident que c'est aux Italiens que l'on accorde la supériorité dans un art où, jusqu'à présent, les étrangers ont pu rivaliser avec nous, mais non nous surpasser.

INDUSTRIE.

Malgré la crise financière qui pèse depuis plusieurs années sur le patrimoine de saint Pierre, Rome a accepté avec empressement le concours de 1855; ses exposants sont assez nombreux, ils figurent dans plus de dix-huit classes sur vingt-sept; enfin, son exposition mérite une sérieuse attention.

1re CLASSE.

Art des Mines, Métallurgie.

Les mines figurent en tête de la 1re division et de la 1re classe du système de classification adopté par la Commission impériale; elle occupent une place importante dans l'annexe du Palais. Vouloir représenter les mines dans une exposition industrielle semble être au premier abord une chose aussi étrange qu'impossible; mais quels que soient la difficulté, la forme et le but d'une exposition de ce genre, on peut généralement en retirer un enseignement précieux.

La terre est la source de toutes les richesses matérielles de l'homme; par la culture du sol, par l'exploitation des substances minérales, il obtient toutes les matières premières qui sont employées dans l'industrie. L'agriculture et l'art des mines, loin de se nuire, se prêtent au contraire un mutuel appui. Ces deux branches-mères des connaissances humaines concourent, par des voies différentes et dans des régions distinctes, au même but : celui de tirer le meilleur parti des ressources que la nature offre au travail de l'humanité.

Quoique le nombre des exposants romains soit très-restreint, nous nous y arrêterons avec intérêt. Il aurait fallu placer sous les yeux du public une collection systématique des éléments géologiques et des minéraux de l'Italie, et à côté de ces échantillons, de ces types scientifiques, mettre les produits industriels qui en dérivent. Le terrain romain présente les états les plus opposés : d'un côté, les tufs caverneux fistuleux qui dénotent une origine marécageuse, la pierre des monts Albans (*lapis Albanus*), qui se trouve partout dans les murailles de Rome, celle de Tivoli (*lapis Tiburtinus*), qui se rencontre au milieu des couches de sables calcaires et de coquillages de terre et de fleuve ; d'autre part, l'origine volcanique se reflète dans les tufs granulaires, dans les tufs scorifiés, dans ces matériaux indestructibles qui ont servi aux travaux de Servius Tullius, etc., etc. La source bitumineuse d'Eusèbe, cette huile de pierre qui a jailli en 753 de Rome au pied du Janicule, qui n'existe plus, qui n'a laissé que le nom de *Fons olei* à la basilique de Sainte-Marie-en-Transtibre, pourquoi donc nos habiles sondeurs d'aujourd'hui ne rechercheraient-ils pas dans les schistes bitumineux cette nouvelle source de richesses et de produits ? Enfin, si on veut passer aux types du monde passé, aux fossiles des différents âges du globe, le cabinet zoologique de la Sapience aurait pu envoyer de magnifiques échantillons ; ne possède-t-il pas, par exemple, des dents d'éléphants fossiles trouvées sur son territoire et d'une étonnante longueur?

Dans la section qui nous occupe, nous avons à mentionner MM. Martinori, de Rome. Ils ont envoyé des sables quartzeux, de ceux qu'on trouve sur la plage de l'Adriatique et qu'on emploie à polir les métaux et les pierres dures. Le prix de revient est nul; ce produit est destiné à remplacer l'émeri. M. Antoine Orsini, d'Ascoli, s'occupe de la même nature de produits et il exporte des quantités considérables de carbonate de chaux pulvérisée.

Le ministre des finances des Etats-Romains, S. Exc. Mgr Ferrari, a envoyé deux superbes blocs d'alun de roche mesurant chacun un mètre de hauteur sur 38 centimètres de diamètre. Jusqu'au quinzième siècle, tous les aluns consommés en Europe venaient du Levant; c'est en Syrie, près d'Edesse, que cet alun dit de roche était fabriqué. M. Dumas, dans sa *Chimie industrielle*, raconte comment l'Italie est entrée en possession de cette fabrication: « Un Génois, Jean de Castro, qui avait « eu l'occasion de voir l'industrie de l'alun en Syrie, fut « frappé de l'abondance du houx aux environs de la « Tolfa; il avait observé la même chose en Orient, et fut « conduit à rechercher à la Tolfa le minerai d'alun, « qu'il ne tarda pas à y découvrir. » Les aluns naturels sont fort rares; cependant on trouve en abondance dans quelques endroits une substance minérale appelée alunite ou pierre d'alun, qui est un sous-sulfate d'alumine combiné avec du sulfate de potasse. Cette substance se trouve aux environs de certains terrains qui semblent avoir subi l'action des eaux et qui se confondent avec les tufs poreux où existent des débris organiques, par exemple au Mont-Dore, en Auvergne; dans la grotte d'alun du cap Misène, près Naples; à la Tolfa, près Civitá-Vecchia; à Piombino; à Beregszag, à Muszaj, en Hongrie; à Mila, dans l'archipel grec. On en trouve également dans les vieilles solfatares, et il s'en forme aujourd'hui dans celles qui sont en activité, et par suite de l'action sulfureuse sur les roches environnantes.

L'alun est très employé dans les arts, et particulièrement dans les teintures, la fabrication des laques, la préparation des peaux, le collage des papiers, la clarification des liquides, etc. Les aluns naturels, ceux de Hongrie et de Rome, ont toujours la préférence du commerce, à cause de leur pureté. Voici comment on procède à leur extraction. L'alunite, ou la roche naturelle, est insoluble; mais, pulvérisée et soumise à un grillage dans un four à réverbère, puis humectée, elle se délite, se réduit et se transforme en une masse pâteuse qu'on délaye avec de l'eau chaude. Les eaux de lavage, clarifiées et purifiées par des cristallisations successives, passent en dernier lieu à travers des voûtes en charpentes artificielles, composées de poutrelles, où l'alun cristallise en forme de stalactite. Pour recueillir les deux beaux échantillons de l'Exposition romaine, il a fallu des soins particuliers, leur donner une base considérable, un appui très-solide et laisser agir le temps.

Nous regrettons vivement de ne pas voir des morceaux d'alunogène, de ce sulfate d'alumine hydraté qui existe dans la solfatare de Pouzzole: c'est une substance fibreuse, soluble, mais non cristallisable. L'alunogène serait un minéral très précieux pour la fabrication de l'alun, si on le trouvait en grande quantité, puisqu'il ne s'agirait que de le dissoudre et d'y ajouter du sulfate de potasse.

L'industrie minière, peu importante dans les Etats-Romains, aurait pu encore nous adresser des documents très-intéressants de salpêtre, de soufre, de houille, de sel gemme, de marbre, d'albâtre, de gypse, de pouzzolane, et nous faire juger les salines de la Marta et de Cervia, etc., etc.

2e CLASSE.

Art forestier, etc.

Le territoire romain est partagé, suivant sa longueur, par une ramification des Apennins qui va se relier à l'Apennin napolitain. La sylviculture est étudiée avec intérêt dans les Etats-Pontificaux, surtout dans les provinces de Bologne et de Ferrare.

Les forêts en plein rapport sont assez nombreuses. Elles nous rappellent les bois de l'Aventin dont parle Ovide, et cette colline Querquetulaire (le mont Cœlius), que l'historien nous signale comme remarquable par ses chênes immenses.

La *Société d'agriculture de Bologne*, pour faire connaître les essences de bois que l'on propage dans la province et leur emploi, a envoyé 56 échantillons vernis.

C'est, *dans l'art des constructions :* le chêne, qui réunit au plus haut degré les qualités nécessaires de durée, de solidité, et, à une échelle inférieure, l'orme, le hêtre, le mûrier, etc., etc. *Pour les essences de chauffage :* le hêtre, le charme, l'orme, le noyer, le châtaignier, etc., etc. L'ébénisterie, la marqueterie, la tabletterie, trouvent en Italie une très-grande variété de nuances de couleurs : le buis, le charme aux couches ondulées, le cormier, le cornouiller, l'érable, d'un grain si beau et si uni; blanc d'abord, il se moire avec le temps; la loupe du frêne, l'olivier, le poirier sauvage, le vieux pommier, le cerisier, le pêcher, néflier, laurier, gaînier, genévrier, etc., etc., et tant d'autres qu'on pourrait mettre en usage, etc., etc.

La collection du chevalier R. Badini de Ferrare fait opposition à celle qui précède; elle présente 39 morceaux de bois sous écorce; ils sont tous pris dans les bois de la *Mesola;* on y remarque avec plaisir quelques essences nouvelles pour nous. Le miconcoulier, le cornouiller femelle, le savonnier panicule, l'hysope, le tamaris de Narbonne, etc.

Enfin, M. D. Boccaccini, de Ravenne, nous a rappelé les jeux de notre enfance, le temps où, dans notre belle Provence, sur la côte des Sablettes, près de Toulon, nous allions visiter un magnifique *Pin pignon* d'une hauteur remarquable et dont les pommes produisaient des fruits exquis.

Il existe le long de la mer Adriatique, près de Ravenne, la plus belle forêt d'arbres-pins (*pinus-pinea*) que l'on connaisse. Outre les bois de construction navale que ces arbres fournissent, ils produisent aussi la pomme de pin, dont on retire chaque année 100,000 kilogrammes d'amendes écalées qui se consomment dans la confection des dragées ou confitures, tant en Italie qu'en Allemagne. Cette forêt est la propriété du gouvernement pontifical, et se trouve sous l'administration particulière de M. Dominique Boccaccini.

3e CLASSE.

Agriculture, etc.

L'agriculture a pour objet et pour but d'obtenir par le travail le plus de produits possible de la terre sans l'épuiser. Il fallait, dans les premiers temps de Rome, posséder un champ si modique qu'il fût et le cultiver soi-même, pour être admis au nombre des défenseurs de la patrie. Caton le censeur, Varron, Columelle, Virgile, Pline et Palladius nous ont laissé les documents les plus intéressants sur la situation et les progrès de l'agriculture aux diverses époques de la grandeur des Romains et de leur décadence. Ils possédaient un grand nombre d'instruments aratoires : l'irpex, le *crates*, sorte de herse, le râteau, le hoyau, la bêche, le *sarculum*, la *marsa*, etc., etc. Ils ne connurent la charrue à roues qu'à la fin de la République.

Aujourd'hui, comme autrefois, la petite culture est en faveur en Italie ; elle a pour objet les pâturages, les prairies naturelles et artificielles, les céréales, le chanvre, le riz, etc., etc. Cette classe de cultivateurs, moins riche que les grands propriétaires, mérite toute la sollicitude des gouvernements.

M. le comte F.-M. Aventi, un des hommes de la province de Ferrare qui s'occupe le plus d'agriculture, a fait de nombreux essais en vue d'obtenir un semoir agricole d'un usage sûr et facile ; il a exposé le résultat de la première partie de ses expériences : c'est une herse en fer qui s'adapte à la charrue de Dombasle ; le travail en devient meilleur, avec économie de temps et de main-d'œuvre.

L'Institut agricole de Ferrare, représenté par son directeur, M. le professeur **Botter**, a mis sous les yeux du public divers produits agricoles ; ils sont répartis moitié dans la section qui nous occupe, et moitié dans la 27e classe, où nous les retrouverons plus tard. Cette collection renferme :

Des épis de froment de l'espèce *triticum sativum hibernum ;* il n'est pas besoin d'encourager cette culture ; le blé ne renferme-t-il pas un assemblage de principes immédiats propres à la nourriture de l'homme, et ces principes ne sont-ils pas également indispensables à la nutrition et à l'entretien de la vie ?

Des épis de *maïs turgida* et de *maïs æstiva* ; ce blé, qu'on appelle aussi blé de Turquie, est très-productif dans les pays chauds ; on peut même, à la Havane, en une seule saison, en obtenir quatre récoltes parfaites ; sa farine est un aliment agréable et d'une digestion facile. La structure du maïs est connue ; mais ce qu'on ne sait peut-être pas aussi bien, c'est que sa tige renferme des quantités considérables de sucre de canne ; on pourrait peut-être l'en extraire avec profit ; dans ce cas, il faudrait ôter au maïs la faculté de porter graine, en châtrant la plante. Tout s'utilise dans le maïs : les feuilles servent dans nos demeures, et on a proposé de les employer à la fabrication du papier. La variété *turgida* mérite d'être signalée comme résistant parfaitement à la sécheresse, etc.

On récolte dans la province de Ferrare plusieurs espèces de chanvre. Cette plante vient à merveille dans cette terre d'alluvion, si riche en humus. Une fois récolté, on porte ses tiges au routoir, afin d'obtenir par la fermentation la séparation des fibres ligneuses unies entre elles par une matière gommo-résineuse. Le rouissage terminé, on le sèche; enfin, l'on sépare la filasse de la chènevotte, au moyen d'un teillage manuel ou mécanique. Les principales espèces de chanvre cultivé en Italie sont le chanvre commun (*cannabis sativa*), le chanvre de Chine et le chanvre géant, dont on nous présente des tiges de près de 5 m. de longueur; toutes ces espèces sont primitivement originaires de l'Asie.

Le ricin de Ferrare est une variété très-belle, qui est recherchée dans le commerce; on en retire cette huile purgative employée dans les pharmacies. Le *palma-christi* ou le ricin ordinaire est peut-être appelé à un grand avenir. On essaie de tous côtés d'acclimater une nouvelle espèce de vers à soie qui se nourrit des feuilles de cet arbuste. Quand des expériences nombreuses et décisives auront décidé la question, une grande partie de l'Europe pourra s'adonner à cette nouvelle industrie.

Le riz est habituellement connu sous le nom de *riz de la Caroline* ou *riz de Piémont*, mais il y a un grand nombre de variétés recherchées en Italie. La province de Bologne se distingue dans cette culture particulière, qui réclame des terrains humides et une grande chaleur. Les épis que nous avons pu examiner sont si beaux, que nous espérons bien leur voir obtenir une distinction particulière.

Enfin, M. Q. Chailly, de Ferrare, a adressé de beaux écheveaux de chanvre peigné provenant de ses domaines et travaillé sous ses yeux.

9e CLASSE.

Industries concernant l'emploi économique de la chaleur, de la lumière et de l'électricité.

MM. le marquis et le comte MUTI-PAPAZZURRI-SAVORELLI ont créé à Rome une fabrication nouvelle, celle des bougies stéariques. L'importance de ces bougies est aujourd'hui considérable; leur découverte, due à MM. Gay-Lussac et Chevreul, en 1825, a fait oublier pour ainsi dire la bougie de cire ; enfin, la modicité du nouveau produit en a répandu l'usage dans toutes les classes de la société. C'est en utilisant le suif des animaux qu'on procède. Nous n'entrerons dans aucun détail : les livres les plus élémentaires de chimie industrielle les font connaître et apprécier. Les échantillons de MM. Muti-Papazzurri-Savorelli sont remarquables par le soin du tressage de la mèche; elles sont, de plus, bien blanchies à la lumière et bien polies. Leur examen démontre d'une manière frappante les progrès industriels de notre époque. Nous sommes bien loin de la chandelle de cire du seizième siècle.

10e CLASSE.

Produits chimiques, Papiers, etc.

Ce titre de produits chimiques semble indiquer de prime abord un sujet bien restreint et une tâche bien ingrate, et cependant, sans la chimie, que deviendraient la mécanique, l'art de la teinture et les beaux-arts?

Née avec le siècle, la chimie a, dans un court espace de temps, accumulé un nombre considérable de données théoriques et expérimentales; elle a encore l'avantage, par ses innombrables points de contact avec les besoins matériels de l'homme, de rendre tous les jours des services éminents qu'il est impossible de nier. Nous ne saurions le redire avec trop de force : tous les besoins de l'existence et de l'industrie sont tributaires de la chimie. En examinant en détail l'Exposition universelle de 1855, on constate avec intérêt que beaucoup de réactifs purement scientifiques ont pris droit de cité dans le domaine industriel. Nous ne nous occuperons que de ceux-là, c'est-à-dire de ceux que l'on peut appeler usuels et utiles.

M. le docteur BOTTONI, de Ferrare, et M. FINZI MAGRINI, de la même ville, fabriquent des tartrates acides de potasse, vulgairement appelés crême de tartre. Leurs produits sont beaux et d'une grande pureté. Le bitartrate de potasse se dépose à l'état de petites lamelles cristallisées sur les parois des tonneaux, et forme ainsi, avec une petite quantité de tartrate de chaux et de lie, une croûte connue sous le nom de tartre. Le blanc provient des vins blancs, le rouge, des rouges. C'est en le purifiant qu'on obtient la crême de tartre, et on procède de la manière suivante : On pulvérise le produit, on fait bouillir, puis refroidir, on a un dépôt boueux et des cristaux; on les récolte et on lave à froid. On les fait ensuite dissoudre dans l'eau bouillante, où on délaie 4 à 5 pour 100 d'argile et autant de charbon animal; l'argile a pour objet d'enlever la matière colorante, qui forme une combinaison insoluble et qu'on recueille. On laisse refroidir de nouveau, et les cristaux définitifs sont incolores et acquièrent un nouveau degré de blancheur par une exposition prolongée au grand air sur des toiles de lin. L'acide tartrique, employé comme mordant dans les teintures et dans les manufactures de toiles peintes, dérive du bitartrate de potasse.

Le baron Fr. Anca, de Palerme, a voulu utiliser les immenses récoltes de citrons de la Sicile, et il prépare le citrate de chaux, dont on retire l'acide citrique du commerce. Voici son mode d'opération : Le suc de citron, au moment où on l'extrait, contient encore beaucoup de mucilage; on attend donc qu'un premier degré de fermentation et le repos aient fait précipiter les matières végétales. On traite ensuite comme il suit le suc déféqué : on le verse dans une cuve en bois blanc et on ajoute de la craie par portions; on brasse fortement à chaque addition de craie; l'acide carbonique se dégage à l'état de gaz ; quand la saturation est complète, on laisse en repos, on siphone la liqueur claire, qui n'a aucune valeur, et le résidu est du citrate de chaux, qu'il faut soigneusement laver à l'eau chaude et sécher.

L'exemple donné par M. le baron Anca est des meilleurs ; il serait à souhaiter que chaque pays, chaque localité profitassent toujours des ressources que Dieu a bien voulu mettre à leur portée.

Le savon est originaire d'Italie. Les premières fabriques furent établies à Savone, dans le cours du sixième siècle, et, dès l'origine, l'industrie des savons acquit une grande valeur. Gênes, Alicante, Malaga, Barcelonne, eurent leurs savonneries. Marseille, à son tour, s'essaya dans cette fabrication, et depuis le jour où elle est entrée en possession de cette industrie, elle est parvenue à se maintenir au premier rang ; elle produit les meilleurs savons ordinaires du monde. Mais, à côté de cette production colossale, une branche secondaire a grandi et pris une certaine importance: nous voulons parler des savons de toilette. Ces savons présentent la même composition que les savons ordinaires, seulement ils sont préparés avec plus de soin et on les parfume souvent. D'après M. Dumas, on les distingue en cinq espèces, qui sont: les savons à l'axonge ou au suif, et ceux qu'on produit avec les huiles d'olive ou de palmier, etc. Ces cinq savons, mélangés en proportions convenables et parfumés suivant le goût des consommateurs, constituent les variétés infinies des savons de luxe. L'huile du palmier leur donne une odeur agréable de violette, etc., etc. La parfumerie de M. GENEVOIX (Félix), de Naples, jouit depuis longtemps d'une grande réputation en Italie; dans la dernière Exposition il a obtenu à Naples une médaille d'argent; il expose dans l'annexe, outre des savons fins, des huiles parfumées, des vinaigres de toilette, des pommades, etc., etc.

La fabrication de M. GENEVOIX diffère un peu des procédés ordinaires. Les matières premières sont les cendres des plantes aromatiques récoltées en Italie. Il coupe les lessives alcalines, pendant leur ébullition, par des eaux distillées aromatiques. Le savon, arrivé à la transparence convenable, est versé dans des *mises*, ou caisses peu profondes, et abandonné à l'action des rayons solaires; lorsqu'il a ainsi acquis une nouvelle cuisson naturelle et une certaine consistance, on lui fait absorber pendant deux mois, et tous les deux jours, de l'eau de *tripoli* (espèce de saponaire qui se récolte sur la colline du couvent des Camandola).

Ces lotions répétées de saponaire purgent le savon de

toute mauvaise odeur et lui donnent cette propriété de mousser avec une éclatante blancheur. Enfin, si on fait usage de guimauve de Sicile, on obtient des savons onctueux, dits *malvarisca*, supérieurs pour l'usage de la barbe et de la toilette.

La colle de poisson (icthyocolle) se fait principalement sur les côtes de la Russie méridionale, mais aussi sur les côtes de l'Italie. On mouille les vessies pendant qu'elles sont fraîches et on les fait sécher jusqu'à un certain degré. On enlève ensuite la peau extérieure qu'on rejette, et on recueille la membrane intérieure, blanche et lustrée, que l'on tord et qu'on fait complétement sécher. Dans nos pays, la colle de poisson s'extrait le plus souvent des vessies par ébullition et dissolution. On la forme en plaques ou tranches minces, et on l'obtient parfaitement transparente, de couleur d'ambre et absolument inodore. Les usages de la colle de poisson sont nombreux; non-seulement elle sert à clarifier les vins et à gommer le sparadrap ou taffetas d'Angleterre, mais elle forme la base des gelées que préparent les pharmaciens et les cuisiniers. Elle sert encore à lustrer les étoffes, les rubans, etc., etc. Em. MONTALTI, de Bologne, déjà couronné à l'Exposition de Bologne, en 1852, mérite, dans ce genre de produit, une mention particulière et des encouragements.

Nous arrivons à une des industries les plus importantes de ce temps-ci : le *papier*. Sur quarante-cinq peuples qui ont pris part à notre exposition, quinze seulement l'ont fait dans la spécialité qui nous occupe. Il serait assez difficile de dire à quel peuple et à quelle époque précise on doit assigner la découverte du papier de chiffon. Les historiens érudits affirment que les premiers essais en furent faits à Valence, par les Sarrazins d'Espagne, et que les Portugais ont trouvé la Chine en possession de cette fabrication.

Il est démontré aujourd'hui qu'on peut faire du papier avec toutes les substances végétales, avec la paille ordinaire, la paille de riz, les écorces de mûrier, de palmier nain, l'amiante, la bourre de soie, etc., etc. Mais jusqu'ici l'industrie n'a encore rien trouvé qui puisse lutter avec le papier de chiffon: c'est le seul dont nous ayons à nous occuper à présent.

On distingue deux modes de fabrication: celle à la cuve, la seule connue il y a trente ans à peine, laquelle produit le papier de forme, et celle à la mécanique, qui produit le papier sans fin. La première est en usage depuis longtemps en Italie, la seconde commence à s'introduire dans les Etats-Pontificaux et surtout dans la province de Macerata. La matière première du papier est le chiffon de lin et de chanvre; c'est ici que M. MILIANI (de Fabriano) a acquis une réputation hors ligne; il use avec une grande réserve des chiffons de coton, et par ce moyen il conserve à ses produits toute la consistance et la solidité des produits d'autrefois. Les chiffons, ramassés pour la plupart sur la voie publique, sont triés, puis soumis à la macération, au découpoir, à la trituration et blanchis par le chlore. Après qu'ils ont subi ces premières préparations, les chiffons sont jetés dans une cuve remplie d'une quantité d'eau chaude plus ou moins grande, suivant qu'on veut obtenir une pâte plus ou moins épaisse, et par suite un papier plus ou moins consistant. Un agitateur rend la pâte homogène; enfin, quand l'ouvrier la juge arrivée à ce point, il en saisit dans sa forme autant qu'elle en peut contenir. Cette forme est un cadre en bois sur lequel est tendue une série de fils de laiton parallèles très rapprochés; sa grandeur détermine celle de chaque feuille; l'épaisseur est donnée par un second cadre très mince et à jour qu'on applique sur le premier. Les fils de laiton de celui-ci sont soutenus par des tringlettes en sapin nommées *vergeuses*. C'est au milieu de la forme que les fabricants dessinaient autrefois leurs marques, une *coquille*, un *écu*, une *couronne*, etc., etc. Les papiers, tels que nous venons d'en indiquer la fabrication, conservent une grande aptitude à absorber l'humidité; ils boivent; pour obvier à cet inconvénient, il a fallu recourir au collage.

Le procédé que nous expliquons est celui suivi par M. Miliani; il demande beaucoup de main-d'œuvre et devient onéreux; mais il a le privilége de donner les papiers les plus remarquables, et la maison de Fabriano, qui peut à peine répondre aux demandes qu'elle reçoit chaque jour, a obtenu une médaille de prix à l'Exposition universelle de Londres. La production du papier dans les Etats-Romains a été pendant longtemps au-dessous de la consommation, mais depuis quelques années les progrès ont été sérieux, les machines nouvelles adoptées, et grâce aux encouragements directs et personnels du Saint-Père Pie IX, ses Etats sont aujourd'hui au premier rang dans cette belle industrie.

11e CLASSE.

Préparation et Conservation des Substances alimentaires.

Jamais il n'avait été donné à l'homme de contempler à la fois toutes les matières premières qui entretiennent la vie et toutes les industries créées pour rendre ces substances moins encombrantes, moins lourdes et moins altérables. On peut suivre au Palais de l'Industrie, sans interruption, cette magnifique chaîne des productions naturelles, qui commence aux avoines des régions boréales, pour se terminer à la banane de l'Equateur. Les collections merveilleuses des colonies françaises, anglaises, hollandaises, italiennes, etc., offrent le tableau le plu saisissant et le plus instructif. La conservation des substances alimentaires intéresse tout le monde, le riche, l'ouvrier des villes et le journalier. Il importe en effet à tous que les produits alimentaires soient francs, bien préparés, et qu'on puisse les trouver en abondance à des prix modérés. Ils ont un mode particulier d'existence que les saisons, les influences atmosphériques, les déplacements modifient facilement, et souvent avec grand dommage. Il n'y a qu'une sollicitude incessante apportée dans le travail des manipulations qui puisse conserver les vins, les bières, les viandes, les poissons, les farines, les pâtes alimentaires, etc., etc., etc. Il faut donc que la bonne foi la plus entière préside à leur fabrication. Si la science a d'incontestables avantages, elle a initié le fraudeur à l'art de mal faire; l'altération est plus que coupable ici, car non-seulement elle s'attaque au bien-être des masses, mais elle tend à détruire la santé et la source de la vie.

Les États pontificaux, favorisés de tous les dons de la nature, arrosés par de nombreux cours d'eau, doivent plus que tous autres chercher à marcher dans la voie que nous venons d'indiquer. Le Romain doit non-seulement s'occuper de conserver les fruits usuels, les pommes de terre, les légumes, les céréales, les viandes, etc., etc., il doit encore profiter de la chaleur de la latitude qu'il habite pour acclimater des plantes étrangères, pour conserver ces produits nouveaux et les répandre sur le marché européen. Nous regrettons vivement de ne pas voir figurer les vins de l'Italie. Les vignes de la Campanie sont-elles détruites? Virgile, Strabon, Catulle, Pline, les vers d'Horace n'ont-ils pas immortalisé les vignobles de Falerne, les vins fameux le *Massique* et le *Cécube?* et de nos jours, ne connaissons-nous pas ceux du Vésuve et de Sicile ?

Nous n'avons à examiner, dans la classe qui nous occupe, que quatre exposants ; ce sont M. Bianconi (G.-G.), de Bologne, qui fabrique des vinaigres *séculaires* dits de Modène, et dont la réputation est méritée ; et encore MM. Ant. L. Valeri, Dondi G. et Magni, de Ferrare, qui se sont essayés dans la conservation des fruits sucrés à mucilage abondant ; ils ont envoyé plusieurs échantillons de *persicata* ou conserves de pêches.

12e CLASSE.

Sciences naturelles et Chirurgie.

Nous sommes loin de Caton, de ce sage rêveur qui, aux plus beaux temps de la république, prétendait guérir les fractures au moyen de paroles magiques. Devenue la métropole du monde, Rome fut bientôt le centre où se réunirent tous les talents. Galien, Celse cultivaient l'art de guérir; ils nous ont conservé le nom des habiles chirurgiens Scribonius, Largus, Pamphile, Alcon, Thessalus, Héliodore, etc. Du temps des Barbares la décadence des sciences naturelles fut universelle; elles ne semblent revivre qu'à partir de Paul Egyne, qui seul représente la chirurgie à cette époque de ténèbres et de malheurs. Réfugiée chez les Arabes, l'étude de l'homme n'apparaît de nouveau sur la scène du monde qu'au quatorzième siècle, au moment où Lanfranc, de Milan, proscrit de son pays, vint professer à Paris.

La chirurgie est restée en faveur en Italie. Un docteur de Bologne, M. G. GIOVANINI, s'est attaché particulièrement aux maladies du crâne; il a étudié cette boîte osseuse qui renferme l'encéphale et qui est tapissée par les membranes vasculaires, par les méninges. Il a inventé et fait établir des instruments destinés à opérer, dans les exostoses, les fractures et les altérations accidentelles du crâne. Ses *trépans scies-tournantes* sont des appareils fort ingénieux. On peut à volonté ou selon le besoin opérer avec une fraise à couronne, ou une scie à roulette; l'exécution est soignée, bonne, analogue aux ouvrages des meilleurs ouvriers parisiens; mais les hommes de l'art reprochent à cette invention d'être compliquée et d'un nettoyage difficile. Nous laissons aux esprits compétents le soin d'apprécier cet instrument.

14e CLASSE.

Constructions civiles, Carrelage des Églises, etc.

M. Ant. Bettanzoni, de Bagnacavallo, près de Ferrare, a adressé des échantillons de carreaux mosaïques de grande dimension pour dallage; ces carreaux, vernis à volonté, sont donnés pour très-résistants; ils ont sur leur surface des dessins incrustés formés par des matières bitumineuses colorées. Pour faire apprécier cette nouvelle fabrication, il est nécessaire de résumer en quelques mots l'histoire des divers modes de carrelage et de pavage des églises d'autrefois.

Le recouvrement du sol de l'intérieur des monuments religieux a été très-varié; le plus ancien que nous connaissions a été la mosaïque. Employé dans l'antiquité pour la décoration et l'ornementation de tous les édifices publics de quelque importance, la mosaïque, dont nous nous occuperons plus tard, se trouvait universellement en usage à l'époque de l'avénement du Christianisme.

Au cinquième siècle on s'en servait non-seulement pour le sol, mais surtout comme peinture. On peut vérifier ces assertions : à Rome, dans Saint-Paul-hors-les-Murs, Sainte-Suzanne, Saint-Jean-de-Latran, dans l'abside de l'oratoire de Saint-Grégoire, bâtie en 828; à Ravenne, dans l'église Saint-Martin; et à Constantinople, le dôme de Sainte-Sophie n'est-il pas tapissé de mosaïque, mais malheureusement recouverte d'une couche de plâtre par le culte idolâtre des Turcs? De l'Italie, ce genre de pavage se répandit dans les Gaules; Charlemagne le fit adopter à Aix-la-Chapelle. On le retrouve de nos jours à Lyon, dans l'église d'Ainay (du douzième siècle) ; il existait autrefois dans celle de Saint-Irénée, de la même cité. A partir du douzième siècle, l'usage des pavés en mosaïque s'arrêta complétement; on commença par ne plus employer que des médaillons circulaires séparés par des carreaux vernissés, puis peu à peu ces derniers prirent le dessus et furent seuls admis. Ces carrelages en terre émaillée, sur lesquels le frottement des pieds enlevait rapidement les vernis, furent principalement adoptés pour les chœurs, les absides, les chapelles; on en retrouve des restes précieux en mille endroits : dans les cathédrales de Saint-Denis, de Chartres, de Reims, etc. Partout leur fabrication est différente : les uns sont sans émail, chargés d'ornements imprimés en creux dans l'argile avant la dessiccation; on y admire des rinceaux, des carrés, des encadrements; ce sont de véritables briques empreintes ou estampées. D'autres ont des fonds blancs, verts ou bruns, avec dessin au simple trait. Souvent un assemblage de plaques réunies forma des images tombales; et en Angleterre, les études si curieuses de M. Llewelynn Jewit nous font retrouver comme en France des feuillages, des pièces héraldiques, des monogrammes religieux, des emblèmes, des IHS, la croix, l'agneau, le poisson, le pélican, le lis, etc., etc.

Il est difficile d'étudier de nos jours les pavés émaillés; ils n'existent plus qu'en partie; le vernis étendu sur ces matériaux s'est peu à peu détruit, et en a conseillé et déterminé l'abandon. Voici comment on obtenait ces matériaux : on commençait par préparer des carrés d'argile d'une consistance convenable; puis, avec une matrice portant en relief le dessin qu'on voulait figurer, on pressait l'argile pour imprimer en creux; ce creux était rempli d'une composition colorée; ensuite on recouvrait le tout d'un vernis ou *couverte*, et on passait au four pour cuire et émailler.

Parallèlement à l'usage du carrelage, on commença au douzième siècle à se servir de pierres gravées et sculptées; on en pava complétement quelques sanctuaires; on y voyait figurer des armoiries, des insignes de pèlerinage, le bourdon, l'escarcelle, les sandales, les coquilles, etc., etc. Le creux, les traits étaient remplis par un mastic très-peu solide, composé d'une espèce de mortier fait avec de la chaux, de la brique pilée et de la résine colorée en brun, rouge ou vert; on y coulait quelquefois du plomb fondu, comme à Saint-Nicaise de Reims. La main-d'œuvre et leur prix les firent abandonner aussitôt. Plus tard, dans beaucoup de cathédrales, le pavé présenta des plates-bandes faites de pierres de diverses couleurs, qui, par la combinaison de leur contour, imitèrent le plan des labyrinthes; aux époques de mortifications ou de prières, on y faisait des stations qui tenaient lieu de pèlerinage. Le labyrinthe de la cathédrale de Chartres, par exemple, en pierre bleue de Senlis, était appelé la lieue, et avait deux cent cinquante-trois mètres de développement, etc., etc.

En résumé, la mosaïque, abandonnée au treizième siècle, céda la place aux dalles grandes et aux carrelages vernissés. Les premiers furent de suite oubliés; l'emploi des seconds persista jusqu'au seizième siècle ; mais à partir de ce moment apparaissent les carrelages en faïence peints, dans lesquels les tons blancs, bleus, jaunes et verts dominent. Tout le monde connaît les carrelages de l'église de Brou. Ce mode fut employé pendant le dix-septième siècle, et l'usage s'en est perpétué en Italie, en Espagne, en Orient. En France, depuis le dix-huitième siècle jusqu'à nos jours, on n'a plus adopté que des dalles unies.

Aujourd'hui, où l'Exposition universelle prouve que de toute part on s'occupe sérieusement de retrouver les types adoptés par nos pères, et que l'on voit l'Europe s'adonner aux études archéologiques, on arrivera bientôt à la régénération complète et réelle du Moyen Age. Déjà, de toute part, des hommes habiles élèvent des cathédrales, d'autres s'occupent de les meubler. M. **Bettazoni**, de Bagnacavallo, province de Ferrare, grossissant la phalange des archéologues industriels, a choisi pour sa part un rôle plus modeste, sans doute, mais d'une incontestable utilité ; il fabrique et peut fournir désormais à des prix modérés les carrelages nécessaires aux restaurations des monuments de nos aïeux.

17e CLASSE.

Camées, Intailles, etc.

On appelle camées les pierres gravées en relief, et intailles celles qui sont gravées en creux; le travail est le même pour ces deux genres de bijoux. La plupart des camées sont faits sur des sardoines ou des agates onyx, c'est-à-dire sur des pierres à plusieurs couches de couleurs variées. Il ne suffit pas à l'artiste d'être bon dessinateur, de savoir bien modeler, il faut encore un génie artistique particulier pour tirer parti des différentes couleurs de la pierre, et les disposer d'une manière habile et naturelle. Dans ces pierres à plusieurs couches, les figures sont ordinairement taillées dans la partie blanche, tandis que celle qui est plus ou moins colorée en brun sert de fond au sujet, et donne ainsi plus de valeur au bas-relief. D'autres camées sont exécutés sur des pierres à 3 ou 4 couches, de sorte que dans un buste, la coiffure, les cheveux, la barbe, les draperies se trouvent de couleurs variées de la manière la plus agréable. L'apothéose d'Auguste, l'agate de la Sainte-Chapelle, le vase de Mithridate et tant d'autres antiques admirables sont conservés à la Bibliothèque impériale.

Les camées sont des objets de luxe, des parures, des ornements ; on les voyait figurer sur des diadèmes, sur des agrafes de manteaux, pour fixer les courroies de chaussures, etc., etc. C'est dans l'Inde et au milieu de l'Orient que l'on en trouvait la matière première, la sardoine, les onyx, etc., etc.

Les intailles, destinées à servir de sceaux ou cachets, étaient montées en bague, afin de donner plus de facilité pour en faire des empreintes. Le nombre en a été très-considérable chez les Romains et l'usage universel. Pendant les temps de barbarie et de souffrance, on cessa de rechercher ces bagues; les sceaux grossiers en métal n'offrirent plus qu'une simple croix, ou bien le monogramme du prince, ou une représentation grossière d'un saint patron. Les pierres qui ont été sauvées de la destruction, et dont on admire la beauté, ont presque toutes servi à orner des châsses, des reliquaires, des vases ou des ouvrages d'orfévrerie destinés aux églises. Les guerriers et les rois, revenant de la Terre-Sainte, offraient ainsi le fruit de leurs conquêtes et les prémices de leurs pèlerinages.

La renaissance des arts amena l'étude de la glyptique, sauva de l'oubli une foule de trésors, et le siècle des Médicis vit paraître les plus habiles graveurs de l'Italie, les Dominique de Milan, Mathieu del Nassaro, etc., etc. La multiplicité des camées que l'on demandait à la cour de Laurent de Médicis et à celle de François Ier, fit bientôt sentir la rareté des belles sardoines; on tâcha d'y suppléer et on employa des coquilles dans lesquelles on trouvait aussi des couches de couleurs variées. Cette matière n'ayant pas la dureté des agates, facilitait infiniment le travail, mais elles étaient susceptibles de s'altérer par le moindre frottement. Une des plus anciennes parures de ce genre est conservée à la Bibliothèque impériale ; c'est un collier ayant appartenu à Diane de Poitiers. Il est composé de quatorze petits camées en coquille ; au milieu, une agate offre le portrait de la célèbre mortelle, portant en diamant les attributs de la déesse de la chasse.

Les princes français qui ont le plus contribué à la régénération de la sculpture sur pierres fines, sont François Ier, Henri IV, qui récompensa Coldoré, Louis XIV, Louis XV, et, plus tard, Napoléon Ier et Joséphine. La gravure sur pierre dure est un art difficile, long et coûteux ; il ne compte plus aujourd'hui qu'un nombre très-limité d'artistes. M. Girometti a travaillé pour le Vatican; Jean Pickler, Calandrelli ont laissé de précieux monuments de leur talent; MM. Pistrucci, Santerelli,

Rega, Barini et quelques autres résument toute la production actuelle.

Un Romain, M. MICHELINI, fixé à Paris depuis trente ans, commença à s'adonner aux camées en coquilles : son talent, sa persévérance, les conseils de son maître, Girometti, l'engagèrent à ouvrir des ateliers, puis à entreprendre et généraliser la gravure sur pierres fines; depuis cette époque, il n'a cessé de consacrer toute son existence, tous ses soins à faire revivre son art de prédilection, et il a aujourd'hui la satisfaction d'avoir dirigé l'exécution des œuvres admirables que l'on voit aux Palais de l'Industrie et des Beaux-Arts. Ce n'est donc que justice de proclamer bien haut le nom de cet infatigable et habile industriel. Il expose trois cadres, réunissant ensemble cinquante et un camées en pierres dures : ce sont les portraits de Napoléon III, de l'Impératrice; des Bacchus, l'Iris, l'Antinoüs, la Vénus, l'Apollon du Belvédère, la Diane, la Bacchante et une foule de têtes copiées de l'antique.

M. MICHELINI a complétement obtenu un double résultat; il sait, dans un champ très-restreint, exprimer tous les détails que comporte une composition, et, d'autre part, il n'a pas hésité à mettre en œuvre des pierres dures d'une dimension extraordinaire. Nous ne doutons pas de voir cette belle et riche réunion de camées en pierre fine attirer à leur auteur une récompense de la plus haute valeur.

Nous espérons aussi que le jury distinguera avec intérêt un autre graveur romain, M. DIES. Le *touret* et la main de l'homme n'ont guère produit rien de plus fin et de plus saisissant que le grand portrait du Saint-Père Pie IX. Cette belle pierre fine, admirablement travaillée, reflète la douceur et la bonté de l'auguste Pontife.

L'Italie est la patrie des artistes mosaïstes ; depuis les ouvriers siciliens, qui avaient, au quatrième siècle, une supériorité incontestée, jusqu'aux Romains de nos jours, cette industrie est restée d'une manière exclusive la propriété de cet admirable pays. Avant d'entrer dans le détail des différents chefs-d'œuvre envoyés à l'Exposition universelle, il est indispensable de faire connaître d'une manière abrégée l'histoire de cette savante fabrication.

On fait en Italie deux espèces de mosaïque : celle de Florence, en pierres dures, qui est une incrustation, et celle de Rome, dans laquelle on fait usage de pâtes émaillées ; cette dernière seule va nous occuper ; elle mérite cette belle expression du poète MONTI :

L'arte che i dipinti emula e serba.

La Bible (livre d'Esther) nous apprend que dans le palais d'Assuérus il y avait des pavés de marbre et de porphyre que décoraient des peintures d'un admirable travail ; l'origine de la mosaïque se place donc incontestablement au berceau du genre humain. Des Perses, cet art passa aux Egyptiens, aux Arabes, puis aux Grecs et aux Romains.

Pline affirme que cette industrie se développa surtout à la cour d'Attale, roi de Pergame, sous la direction d'un habile ouvrier, Sosus. En Grèce, le pavement (ἔδαφος) était formé de pierres de couleurs variées qu'on disposait de manière à ce qu'elles présentassent divers dessins ; on les employait surtout dans les temples, dans les palais ; on les entourait de respect. Leur nom, *asarota*, venait de σαρος (balai); l'alpha privatif ordonnait de ne pas les souiller par un instrument grossier, mais de les entretenir avec des étoffes de choix.

Les Romains, en s'appropriant les richesses du monde, les fécondèrent par leur génie, et ils perfectionnèrent tellement la mosaïque, que Pline dit qu'elle faisait oublier la peinture. On employait un stuc dans lequel on incrustait de petits fragments de marbre pour l'embellir. Si les pièces de rapport présentaient une configuration circulaire, on les appelait *scutula* (petits boucliers); les pierres triangulaires, *trigona;* les quadrangulaires, *quadrata;* cette espèce de pavé était l'*opus segmentatum*, l'*opus sectile* des anciens.

Ces conquérants, après la destruction de Corinthe, transportèrent dans leur ville les plus beaux monuments et entraînèrent les artistes capables de les reproduire et de les perpétuer. Après la troisième guerre punique, on exécuta des mosaïques dans le temple de Jupiter-Capitolin. Plus tard, on dut à Sylla, vainqueur de Marius, les fameuses mosaïques du temple de la Fortune à Penestre. Le chevalier Marcus Scaurus en fit orner son théâtre, Mamura, sa maison du mont Cœlius, et Suétone nous apprend que Jules César s'en servait dans ses tentes, au milieu des camps.

Jusqu'alors l'on n'avait traité que des sujets de fantaisie. On fit un pas de plus à l'époque de Caracalla : dans les thermes de cet empereur on vit reproduire sur des surfaces immenses les portraits des gladiateurs et des athlètes les plus renommés. Enfin, du temps de Galien, malgré les invasions des Barbares, on fit en mosaïque les images des deux César et d'Aurélien, etc., etc.

D'autre part, après l'établissement du christianisme,

les premières basiliques furent décorées avec un luxe réel.

A partir de Constantin, les mosaïques jouèrent un rôle très-important dans l'ornementation des édifices religieux. Souvent on plaçait dans le fronton d'une église une image du Christ assis sur un trône dans l'attitude de bénir; le reste de la façade, jusqu'à la naissance du porche, fut également rehaussé de mosaïques reproduisant la Vierge, les apôtres, ou des sujets empruntés au Nouveau-Testament et aux traditions des premiers siècles de notre culte. A l'intérieur, la voûte de l'abside et les parois même de la nef brillaient de l'éclat de mosaïques sur fond d'or, rappelant les événements les plus notables de l'histoire sacrée; puis, auprès de ces peintures sur fond d'azur et de pourpre, on lisait des sentences écrites en lettres d'or.

Il est difficile de préciser à quelle époque on arriva à faire des mosaïques moyennes et des petites. Le temps n'a rien épargné. Les têtes antiques qui existent sont très-imparfaites; elles étaient pour la plupart incrustées dans des plaques de porphyre. Ce que l'on peut dire avec certitude, c'est que c'est seulement vers la fin du siècle dernier que l'on commença à faire des bijoux en mosaïque : ils étaient mis dans de petites montures en cuivre, représentaient des sujets faciles, un oiseau, une fleur, une allégorie. Jacques Raffaelli étendit ce champ d'étude en y faisant entrer d'autres animaux, des têtes, des sujets en clair-obscur, etc. Sa hardiesse électrisa tous les ouvriers, et l'on vit presque aussitôt Francesco Depoletti, Antonio Aquati et Antonio De Angelis traiter les *Noces aldobrandines*, la *Chasse de Diane* et la *Cène* de Léonard de Vinci. Ces travaux laissent beaucoup à désirer, à cause de l'enfance de l'art et de l'imperfection des émaux.

Ce n'est qu'au commencement du dix-neuvième siècle que l'art est arrivé à la perfection qu'on admire aujourd'hui ; celui qui le porta à son plus haut point fut Barberi (1). Tous les connaisseurs conviennent qu'il n'a été égalé par aucun de ses émules, surtout dans les sujets à figures et à animaux. Ce fut lui qui mit en usage et en honneur ces tables monumentales qui font la réputation des mosaïstes romains. Vivement appuyé par Grégoire XVI, il reçut l'ordre de faire deux copies du Christ du Guide. L'une fut donnée par le Souverain Pontife à la princesse Gagarin, l'autre est allée se perdre dans les musées de l'autocrate Nicolas. Ce fut encore Barberi qui, vers 1828, fit les premières mosaïques sur fond noir d'une seule pièce ; elles furent achetées par le marquis Crosa, ambassadeur de Sardaigne à Rome, etc., etc.

Les plus belles mosaïques monumentales modernes sont celles de Saint-Pierre de Rome ; tous les tableaux des autels, même ceux de Raphaël, sont aujourd'hui remplacés par des copies en mosaïque. Ces travaux gigantesques ont été exécutés par des ouvriers réunis sous le patronage de l'autorité pontificale, sous le nom de mosaïstes du Vatican. Cette école (Studio) occupe une partie de l'ancien palais du tribunal de l'Inquisition ; elle compte peu d'artistes, mais ils font des chefs-d'œuvre qui demandent souvent vingt années de travail. Le Saint-Père les offre chaque jour aux souverains étran-

(1) *Voyage en Italie* de Valéry ; — *Revue des Beaux-Arts*, 1851, etc., etc.

gers. Un de leurs plus gracieux bijoux, un délicieux paysage, est venu dernièrement en France ; nous avons pu l'admirer chez le lieutenant-général vicomte de La Hitte, à qui le Pape Pie IX l'a offert pendant son ministère des affaires étrangères.

En France, sous le premier empire, on a essayé une école de mosaïstes; elle fut dirigée par l'habile Belloni. Bientôt abandonnée, le seul travail qu'elle ait produit est la mosaïque du Louvre qui représente les quatre fleuves témoins de nos conquêtes.

L'émail, surpassant de beaucoup le marbre pour la vivacité des couleurs, sans lui être inférieur pour la solidité, est seul employé aujourd'hui. La chimie moderne a permis d'obtenir toutes les teintes désirées avec toutes les dégradations possibles : l'école du Vatican a pu réunir jusqu'à 22,000 nuances. Aussi l'artiste n'est plus borné comme autrefois à un petit nombre de couleurs tranchées; il promène son choix en toute liberté; sa palette égale presque l'abondance et la fécondité de la nature. Les fabricants d'émail, soit à Rome, soit à Venise, au moyen des sels qu'ils vitrifient, ne procurent que deux ou trois modifications de chaque couleur primitive ; pour en tirer les 22,000 tons du mosaïste, il faut varier et combiner les couleurs mères au moyen d'une forte lampe. Pour les travaux les plus délicats, on étire les fragments avec une pince, en se servant de la petite lampe, et on les réduit à la finesse voulue. C'est l'emploi de ce chalumeau qui donne la forme et la nuance des plumes, pour représenter les oiseaux, des poils, pour les quadrupèdes, des feuilles d'arbres, pour les paysages. Souvent, pour ménager l'étroit espace dans lequel il est circonscrit, l'artiste soude deux ou trois pièces en une, et c'est ainsi qu'il peut obtenir dans les plus petits tableaux la précision, la transparence et tous les effets de l'art.

Quand le mosaïste a déterminé les dimensions du tableau d'après la place qu'il doit occuper, il faut un cadre, une caisse en marbre ou en métal; il la remplit de plâtre, sur lequel il esquisse avec le plus grand soin les lignes et contours des objets à représenter. Puis il enlève ce plâtre en un endroit jusqu'au fond de la caisse, et il lui substitue le mastic dans lequel doivent être implantés les dés; la mosaïque accomplie en ce point en brins *debout*, on répète l'opération, morceau par morceau, jusqu'à l'achèvement de l'œuvre. Lorsqu'on reconnaît que le mastic est parfaitement sec, on donne le brillant avec un morceau de marbre comme brunissoir. Pour les petites mosaïques, elles se moulent en or, en argent, en cuivre, ou même en émail. Les encadrements de marbre peuvent être tournés, etc., etc. On procède, du reste, comme pour les grands ouvrages. Le ciment est habituellement composé de chaux, de pouzzolane, de travertin pulvérisé et broyé avec de l'huile. Le brunissage s'opère avec du tripoli, de l'émeri, etc., etc.

Deux œuvres remarquables, deux pièces hors ligne, attirent les regards dans le département des États pontificaux, au Palais central de l'Industrie; nous ne pouvons nous dispenser de nous y arrêter quelque temps. C'est, en première ligne, une mosaïque monumentale, exposée par M. Louis Galland, mais faite et composée par MM. Rocchegiani père et fils. Sans aucun doute, on doit des éloges au chef de cette maison, qui sait discerner et employer les hommes d'élite, mais on doit surtout des encouragements particuliers à ces artistes de premier ordre. La vue du Forum, tableau de deux mètres de longueur sur un mètre de hauteur environ, est une reproduction admirable des monuments de la Ville-Eternelle; il est impossible de rien voir de plus étudié et de mieux exécuté : à une certaine distance, l'effet complet de la peinture est atteint.

Dans un autre ordre de production, dans les bijoux portatifs, M. Barberi nous fait juger les ressources incroyables de cette admirable industrie. La petite broche représentant Zavellas défendant sa femme contre un Turc, est un véritable tour de force. Nous ne connaissons rien de plus fin. Qu'on se figure un carré grand comme une carte de visite, dans lequel on voit, sur le bord de la mer, un combat, plusieurs personnages, les effets de la belle nature, le brisement des vagues, le mouvement des nuages, etc., etc. La femme qui est à terre est le *nec plus ultra* de la délicatesse de l'ouvrier : les bras, la couleur de la peau s'aperçoivent à travers les grandes manches de mousseline; la belle Grecque a autour du cou un collier dont on peut compter les grains; le fermoir, grand comme une pointe d'épingle, est décoré d'une tête en relief facile à définir; Zavellas, qui n'a pas quatre centimètres de hauteur, est revêtu du riche costume du pays; les lacets qui retiennent sa chaussure, les broderies de ses vêtements, les mains des personnages, tout dénote un artiste de premier mérite. Nous avons peine à comprendre que la vue et la patience humaines puissent arriver à cette finesse d'exécution.

Nous citerons d'une manière générale M. Louis Galland, qui a exposé plus de dix-huit tables en marbre ornées de mille sujets différents : des vues de Rome, des sujets à personnages, des colombes, des allégories, des guirlandes de fleurs. Cette maison a encore envoyé la reproduction parfaite en rouge antique des colonnes Faustine, Trajane, Foca, et deux fragments des temples du Forum, l'un *Jove Statore*, l'autre *Jove Tonante;* enfin, deux coupes de grande dimension, en marbre antique, complètent cette magnifique exposition individuelle.

M. Corradini (G.) a exécuté une table ronde de 90 centimètres de diamètre en mosaïque, grand médaillon représentant Neptune sur son char entouré d'une guirlande de chêne; cette production remarquable méritera, nous l'espérons, une distinction à son auteur.

Le chevalier Luigi Moglia a, pour sa part, un tableau où saint Georges terrasse le démon d'après *Porde none*. Ce célèbre artiste n'est nullement inférieur à ceux qui précèdent ; il vient de représenter en mosaïque un des chefs-d'œuvre de Raphaël, la *Vierge à la Chaise*. Il a reproduit en mosaïque le tableau dans sa grandeur naturelle, et, de l'avis des connaisseurs, dans toute sa beauté. Il espérait avoir terminé son travail pour l'Exposition de Paris, à laquelle il le destinait; mais il n'en a pas eu le temps. Aujourd'hui, ce travail est exposé dans les ateliers de M. Moglia, à Rome. Le Saint-Père l'a visité, et il a témoigné à M. Moglia toute sa satisfaction et l'admiration que lui inspirait un si bel ouvrage. L'auteur, qui n'a pu le présenter au Palais de l'Industrie, à Paris, a perdu une juste satisfaction et l'Exposition parisienne un noble ornement.

Le nom de la marquise de Sampieri a attiré notre attention; nous ne pouvons qu'admirer son joli guéridon en marbre noir, sur lequel une délicieuse guirlande de clochettes blanches et bleues dénote un mosaïste habile et soigneux; il est rare de voir une grande dame devenir artiste et passer au rang des maîtres. Ses enfants, qui habitent au milieu de nous, ont la bonne fortune de compter au nombre de leurs amis M. de Mercey, chef de la section des Beaux-Arts au ministère d'Etat; il a bien voulu composer et dessiner le pied doré qui supporte la jolie table de la marquise Sampieri.

Nous avons encore à parler d'autres mosaïstes dont les œuvres ont reçu un accueil favorable des visiteurs de tous les pays :

MM. Poggi et Ciuli, dont la pièce principale est un beau chien en mosaïque. Au lieu d'émaux, ils se sont servis de cailloux tirés du bassin de la Seine.

Mme Poggi, qui professe à Paris cette belle industrie, a exposé de jolis bijoux d'un prix très-modéré.

M. Francescangeli, l'un des artistes les plus distingués de Rome, aurait pu envoyer quelques œuvres remarquables; nous regrettons qu'il se soit contenté d'envoyer seulement quelques sujets pour bijoux.

Enfin M. Belloni, ancien directeur de l'Ecole du Louvre, a exécuté une copie du portrait de Napoléon Ier par Gérard, et exposé quatre bouquets de mosaïque en relief, ainsi que plusieurs tables.

MM. Avolio père et fils, de Naples, ont exposé un des produits les plus remarquables envoyés par le royaume des Deux-Siciles : la belle collection de coraux tient dignement sa place au Palais de l'Industrie : ils nous offrent, dans une jolie vitrine, les plus charmants objets de parure. On y remarque surtout une broche et deux boucles d'oreilles du prix de 2,000 fr.; une chaîne de gilet de dix-neuf mailles, d'un seul morceau, avec une tête de lion au crochet, du prix de 500 fr.; des bracelets, des camées, des garnitures d'ombrelles, des colliers, etc., etc.

Le corail, cette étrange substance qui a permis au poète de dire :

> Le corail incertain, né plante et minéral,

croît dans la mer; semblable à un petit arbre qui aurait été dépouillé de ses feuilles, il est le résultat de la sécrétion d'un petit animal appelé polype. La matière qui le constitue offre en presque totalité du carbonate de chaux empâté par une sorte de gélatine teinte d'une vive couleur rouge. La substance calcaire de corail est dure, formée de couches concentriques striées d'un rouge éclatant; elle est recouverte dans la mer d'une peau mince organisée, qui se dessèche à l'air et devient une couche friable. Le corail se trouve principalement sur les côtes de la Méditerranée, près de Tunis, et en Sardaigne. Pour l'extraire, on fait descendre dans la mer une espèce de drague formée de branches de fer disposées en croix horizontale; on l'arrache par la traction du système. Sculpté et travaillé, le tissu du corail est d'un grain fin, compacte, analogue aux pierres dures et susceptible comme elles de recevoir le plus beau poli.

Les Italiens se sont pendant longtemps emparés des avantages de cette pêche. On en récolte aujourd'hui annuellement plus de 50,000 kilogrammes, qui se vendent principalement à Naples, au prix de 60 francs environ le kilogramme.

L'orfévrerie religieuse romaine n'a pas suivi le mouvement archéologique que nous avons si souvent constaté. Les styles grec et romain prédominent toujours dans cette patrie de l'antiquité. M. CASTELLANI a exécuté un beau calice en or massif. L'exécution de ce vase sacré a été dirigée par le premier ministre de Sa Sainteté, Mgr le cardinal Antonelli; il est aujourd'hui la propriété de Mgr l'abbé prince Lucien Bonaparte.

La coupe est maintenue par quatre feuilles de vigne séparées entre elles par des fleurons à quatre lobes, en forme de croix grecque; quatre émeraudes et un rubis les décorent. La tige centrale est monumentale; elle porte au milieu une sphère sur laquelle s'enroulent les mêmes feuilles; la disposition des pierres précieuses rappelle l'ornementation du sommet; le pied est octogone; chaque arête, légèrement saillante, est terminée à la partie supérieure par une colonnette qui se relie à un motif d'architecture, et à la base par une fleur à trois pétales rappelant le lis mystique. Des nœuds tressés en relief et les mêmes fleurons terminent, avec des pierreries, cette belle pièce d'orfévrerie. Nous croyons deviner l'intention qu'a cherché à réaliser le pieux prélat; du pied au sommet ce calice symbolise les vertus mystiques : la pureté, la foi, l'amour, etc., etc. Leur faisceau donne une base inébranlable d'où s'élance la vigne eucharistique, et forme la perfection, l'infini, l'essence même de Dieu.

Dans un genre différent, MM. BORGOGNONI frères ont exécuté une riche écritoire en argent et bronze. C'est le poëme de la création qu'a reproduit l'orfévre romain : les mondes, les éléments, toutes les grandes époques y figurent sous formes allégoriques ; cette œuvre dénote de l'invention, de l'habileté dans les détails.

mais elle ne peut lutter avec les productions similaires des ouvriers parisiens.

M. Spagna, de Rome, fabricant de bronze d'art et d'orfévrerie, a eu l'heureuse pensée de nous représenter sur une grande échelle la copie en bronze doré de la colonne Trajane. Le piédestal est en marbre et la hauteur totale de trois mètres. Quand on suit un à un les anneaux de cette vaste spirale qui court de la base au sommet, quand on étudie les principaux personnages, les scènes de batailles, de triomphes, les panoplies et les trophées qui ornent le cippe funéraire du vainqueur des Daces et des Parthes, on songe sans doute au chef-d'œuvre de l'antiquité, mais on admire l'habileté et le ciseau de l'ouvrier d'aujourd'hui. C'est encore M. Spagna qui a exécuté le calice en or massif dont s'est servi le Saint-Père le jour de la proclamation du dogme de l'Immaculée-Conception.

18e CLASSE.

Industrie de la Verrerie, de la Céramique et Pierres artificielles, etc.

Il ne serait pas sans intérêt de suivre l'histoire des gemmes, depuis l'éphod d'Aaron jusqu'à la croix pontificale de Pie IX, depuis les offrandes faites dans les temples de Jupiter jusqu'aux trésors de nos basiliques chrétiennes. Pour avoir une idée des parures des anciens, il faudrait visiter nos musées et lire dans Lucain la description du festin donné à César par Cléopâtre, etc. Il nous montre la reine d'Egypte pliant sous le poids de ses ornements et de ses parures; il nous raconte encore la réponse de cette princesse à Antoine, qui contestait la possibilité de dépenser un million dans un seul festin : elle fit apporter sa plus belle perle, estimée un million, et la but après l'avoir fait dissoudre dans du vinaigre, etc., etc.

Le désir de posséder de pareils trésors, l'envie, la vanité s'alliant à la fraude, le goût des pierres fausses a dû surgir et devenir commercial. Nous donnerons ici en quelques mots les notions les plus connues sur la fabrication des perles artificielles et en particulier des perles romaines. Des bijoux et ornements en fausses perles faites en nacre orientale existent dans les collections de curiosités du Moyen Age; mais il y a si loin de la nacre à la perle fine, que l'on dut bientôt renoncer à faire ainsi quelque illusion; l'industrie des verreries des quatorzième et quinzième siècles produisit sans doute les fausses perles, sans lesquelles on ne s'expliquerait pas leur profusion dans les nombreux portraits de cette époque. Les premières perles artificielles furent faites en verre blanc soufflé et rempli de gomme arabique ou de cire blanche ; mais la friabilité, la légèreté et le défaut de brillant de ces perles obligèrent les fabricants à faire de nouveaux essais. Depuis les tentatives de Jacquin, sous Louis XIV, on a imaginé d'introduire à l'intérieur des perles soufflées une dissolution d'ichthyocolle. Tenant en suspension de l'écaille d'un poisson nommé *ablette*, cette substance s'applique aux parois intérieures de la perle et lui donne l'éclat irisé qu'elle possède elle-même. La perle est ensuite remplie de cire et percée avec une aiguille. On obtient ainsi des perles assez parfaites, et les produits parisiens sont aujourd'hui universellement estimés.

Les fabriques de Venise et de Rome ont été gravement atteintes par cette redoutable concurrence; cependant Mme Victoria Pozzi, de Rome, n'abandonne pas la lutte, et elle trouve appui dans la phalange des élégantes de tous les pays. La perle fausse romaine se compose de petits grains d'albâtre plongés dans une dissolution composée de nacre, d'alcool et de colle de poisson; elle drape mieux, elle est plus lourde que la perle française, elle suit mieux les mouvements du corps; elle sert principalement à composer des colliers et des bracelets. Les perles romaines finies et percées, les enfileuses et les monteuses font les rangs, forment les masses, etc., etc. Ce commerce, assez important, s'élève encore aujourd'hui à plus de 20,000 scudi.

La céramique a dû commencer avec les premières associations de l'homme. Les premières sociétés trouvaient, en effet, dans le limon des fleuves une matière facile à travailler, conservant une forme convenable pour contenir les graines et résister aux transports journaliers. Un premier progrès fut atteint lorsqu'on découvrit qu'en soumettant à l'action du feu les vases de terre, on leur enlevait la fragilité et l'inconvénient de se délayer dans l'eau. Un nouveau et grand pas a été encore réalisé le jour où l'on a su recouvrir cette terre poreuse et absorbante d'une couche vitreuse imperméable, d'une *glaçure*. C'est alors que l'on a obtenu la poterie moderne, la *pâte* et la *couverte*.

On doit reporter aux Arabes et aux Maures d'Espagne l'honneur d'avoir découvert l'emploi de la glaçure à base d'étain. Leurs faïences émaillées se répandirent bien vite en Italie, où cette fabrication jeta le plus vif éclat pendant toute la durée des quinzième et seizième siècles. Tous les amateurs de poterie connaissent les bas-reliefs de Lucca della Robbia, les belles faïences de Pesaro d'Urbino et de Faenza. L'Allemagne, à Nuremberg; en France, Bernard Palissy, créèrent ensuite d'admirables produits; enfin les majoliques (*majolica*) de Nevers et d'Italie firent place à la porcelaine, seule en honneur aujourd'hui.

Le caractère de la porcelaine est d'être blanche; sa couverte est transparente, la pâte translucide. On trouve dans certaines localités des gîtes d'une argile blanche qui contient une petite quantité de matières alcalines : c'est le *kaolin*. Par le mélange de cette terre avec certaines roches fusibles à de hautes températures qu'on rencontre généralement dans les mêmes endroits, on prépare des pâtes qui ont une plasticité suffisante pour le façonnage, et qui présentent cette propriété remarquable de donner des produits translucides par la cuisson, tout en conservant leur blancheur; la couverte qu'on applique cuit avec elle à une haute température; elle est dure, très-résistante; leur réunion forme la porcelaine dure.

Que de choses nous pourrions dire sur cette partie de la céramique ! Nous nous renfermerons dans notre sujet, en citant M. Olivieri, de Rome, qui a exposé les échantillons des matières premières, provenant des propriétés du prince Aldobrandi, et dont se servent chaque jour les potiers et les industriels romains. La cité des Césars a de tout temps été renommée pour les argiles du Janicule; nous avons examiné les argiles marneuses de MM. le marquis Ossoli et de son frère, J. Ossoli. Ils en fabriquent à volonté des vases usuels, des pavés factices et des briques mosaïques de diverses couleurs.

20e CLASSE.

Industrie des Laines, Draps, etc.

La fondation de l'hospice apostolique de Saint-Michel est due à Thomas Odescalchi, aumônier d'Innocent XI. Il réunit en 1682, dans un petit palais sur la place Margana, les enfants pauvres qu'on recevait à l'hospice de Sainte-Galla, et prit soin de leur éducation. En 1686, ayant bâti une chapelle à Saint-Michel, près la rive droite du Tibre, dans le lieu dit *Ripa-Grande*, il y plaça environ 80 de ces enfants, qui, instruits dans la morale, travaillaient aux métiers dans les boutiques des artisans de la ville. Innocent XII agrandit le local, y réunit les femmes de Saint-Jean-de-Latran, les vieillards de *Pont-Sixte*, la prison des femmes, enfin la maison de correction des jeunes gens. Pie VI, en nommant un prélat pour président, donna une nouvelle extension à cette belle institution. Aujourd'hui, l'hospice se divise en quatre communautés, c'est à dire : celle des vieillards, des vieilles, des jeunes femmes et des jeunes gens. Les jeunes filles s'exercent dans les soins et les travaux des femmes, et lorsqu'elles se marient, l'hospice leur fournit une dot de 100 écus. La communauté des jeunes gens est la plus nombreuse ; on les destine surtout aux arts mécaniques, et un grand nombre, qui démontrent une grande et bonne volonté, exercent les arts libéraux. On y pratique, sous d'habiles maîtres, les professions d'imprimeur, relieur, menuisier, ébéniste, tailleur, cordonnier, serrurier, tailleur de pierres, fondeur de métaux, teinturier, lainier, blanchisseur, etc., etc. Parmi les arts libéraux : la sculpture pour ornements, les médailles, les intailles, les camées, les mosaïques, etc., etc. La gravure est enseignée par le célèbre professeur Mercuri, etc., etc. Beaucoup s'occupent aux tapisseries et aux tapis ordinaires, etc. Le président actuel, S. Em. le cardinal Tosti, est parvenu à rendre cet établissement une véritable école industrielle modèle, et afin d'encourager l'émulation de ces enfants, il a fondé le 29 septembre, jour de la fête de saint Michel, une exposition générale de tous les produits les plus remarquables de l'hospice. On y admire chaque année les travaux industriels et ceux des beaux-arts.

On a dernièrement créé dans l'hospice une grande filature et une fabrique de draps destinés à la troupe. Ces étoffes de laine, qui sont surtout remarquables par leur solidité, ont été employées avec succès à l'habillement des troupes françaises expéditionnaires. On peut en examiner plusieurs pièces au Palais de l'Industrie. S. Exc. Mgr Rossi a donné, pendant son court séjour à Paris, de précieux renseignements sur l'établissement de Saint-Michel ; ils ont mis MM. les jurés de la 20e classe à même d'apprécier l'hospice de Saint-Michel et ses produits.

21e CLASSE.

Industrie des Soies : Fossombrone, Ancône. Royales de Naples et de Messine.

On sait que la soie nous vient de l'extrême Orient : nous n'avons pas besoin de faire ici l'histoire de son origine et de ses progrès. En Chine, on cultivait le mûrier et on se livrait à l'éducation des vers à soie très-longtemps avant Jésus-Christ. Le mûrier y était appelé l'arbre d'or.

La soie, exportée de la Chine, de l'Inde et de l'Asie par les Phéniciens, passait dans les autres contrées, où on la payait au poids de l'or. Vers l'an 527, deux religieux, revenant des Indes à Constantinople, y apportèrent des œufs de vers à soie, et l'industrie naissante de la soie reçut les encouragements les plus sérieux de l'empereur Justinien.

En 1130, Roger, roi de Sicile, l'implanta à Palerme, d'où elle se répandit en Italie pendant que les Arabes l'introduisaient en Espagne.

C'est sous le règne de Charles VII que furent plantés les premiers mûriers de la Provence. Le jour de son sacre, le 25 juillet 1546, Henri II fut le premier qui porta des bas de soie; mais ce fut Henri IV qui eut la gloire de propager le mûrier en France. Avant son départ pour la guerre de Savoie, ce prince ordonna à Olivier de Serres de planter 20,000 mûriers dans le jardin des Tuileries, où Le Nôtre plaça plus tard les deux grands massifs de marronniers. Bientôt les mûriers s'élevèrent dans le Midi et dans le Nord de la France, et d'habiles ouvriers, amenés d'Italie, établirent en Touraine des fabriques considérables. L'industrie nouvelle fut protégée par Colbert, qui fit ériger par les frères Mascany une fabrique de soieries à Lyon. Enfin, sous Louis XVI, Lyon fabriquait par an pour plus de 100 millions d'étoffes de toute espèce. Un moment arrêtée par la révolution, Napoléon Ier s'empressa de la relever, et il y fut puissamment aidé par les appareils de Vaucanson et la découverte de Jacquart.

De toutes les matières tissées, la soie est la plus curieuse à étudier et la plus précieuse. Tout le monde sait que cette matière filamenteuse est produite par la chenille du mûrier, qu'elle sort des deux filières de l'insecte en deux brins séparés, qui se durcissent à l'air, se soudent et forment la soie. Ces deux brins ne sont pas cylindriques, mais sensiblement aplatis.

La graine du papillon femelle pondue après la fécondation est conservée d'une année à l'autre. Au moment de la production du bourgeon du mûrier, on fait éclore la graine au moyen d'une chaleur artificielle, et le petit ver ou chenille, convenablement nourri et soigné, se développe et grandit. En un mois environ, il surmonte toutes les vicissitudes de sa courte existence; il monte dans la bruyère ou les menus bois qu'on met à sa portée; il y fixe l'extrémité du fil qui sort de ses filières et prépare le logement du cocon par un canevas de soie gommée irrégulièrement posée, qu'on appelle bourre de soie ou *bourrette*. Il termine son œuvre par le cocon proprement dit, qui a une forme ovoïde et dont toutes les couches sont régulièrement et concentriquement déposées.

Un examen attentif a permis de constater que le cocon n'est pas fait d'une manière continue : la chenille s'arrête trois ou quatre fois pendant son travail; le fil, par suite, n'est pas uniforme, mais d'une finesse variant du tiers au quart d'une extrémité à l'autre. La longueur du fil est moyennement de 600 à 1,000 mètres. Dans nos pays, on ne peut obtenir qu'une seule récolte par année; mais en Chine, on fait quelquefois sept et huit éducations dans une seule saison. Le fil obtenu par le dévidage du cocon n'est pas composé de soie pure, mais de matière hétérogène. On peut le considérer comme formé de trois tubes concentriques; au centre se trouve la soie proprement dite; elle est recouverte de deux couches de gomme végétale, dont la composition chimique n'est pas la même: l'une peut être enlevée par l'eau chaude, l'autre, seulement par des dissolutions alcalines.

En enlevant la première de ces couches, on obtient la soie grége; par la purification complète du fil de soie, on obtient la soie décreusée ou cuite.

Plusieurs nations ont exposé des soies gréges: celles des Etats-Romains prennent incontestablement la tête. Un des principaux mérites des soies italiennes en général est le brillant que ces matières premières acquièrent à la teinture. Les soies de la Lombardie et du Piémont ne donnent ce résultat qu'aux dépens de la ténacité, c'est-à-dire qu'elles résistent moins bien à l'épreuve que nos bonnes natures de France. — Mais les productions des pays de montagne réunissent ces deux merveilleuses qualités, et la préférence des fabricants se fixe toujours sur Fossombrone, Ancône et les autres provinces des Etats pontificaux. Les perfectionnements apportés aux filatures de Fossombrone ont valu aux soies de cette localité la première place parmi celles des Etats-Romains. Il existe à Fossombrone ou dans le rayon qui présente ses produits sous ce nom, cinq à six filatures à la vapeur, qui tirent tout le parti possible de cette belle nature de soie; elles obtiennent des prix de vente supérieurs, qui ne sont primés que par les meilleures soies des Cévennes.

Si les filateurs italiens voulaient moins viser à l'économie qu'ils ont l'habitude d'apporter dans leurs procédés, ils marcheraient avec le progrès de l'industrie, ils modifieraient les imperfections de leurs usines, les rendraient plus productives. La modicité du prix de revient leur permet aujourd'hui de livrer leurs marchandises à des taux bien inférieurs aux nôtres; leurs soies, bien filées, tiendraient une place de plus en plus importante dans la consommation. Les soies de Fossombrone, Ancône, Naples, prennent facilement le brillant des nuances fines, *rose céleste*, etc., etc. Celles de Novi produisent des blancs naturels très-recherchés. Quant aux autres organsins ouvrés d'Italie, ils sont peu en faveur. Les Italiens devraient suivre l'exemple des Piémontais, qui ont su approprier leurs soies à une fabrication spéciale, celle des velours; ils ont suppléé par un tors exagéré au défaut de ténacité, et ils obtiennent ainsi un débouché certain à leurs produits les plus médiocres.

Les produits du royaume de Naples, dont les qualités sont connues sous le nom de *Royales*, sont très-appréciés. Les usiniers des Deux-Siciles entrent chaque campagne dans une voie de progrès que nous signalons comme le plus puissant moyen d'arriver à des résultats avantageux. En résumé, les Fossombrone, les soies d'Ancône, les royales de Naples, celles de Messine, voici l'ordre de la demande; le reste ne s'écoule que sous la dénomination générale de soies d'Italie.

Dans la 21e classe, M. le commandeur Aug. Feoli expose des soies du rayon de Fossombrone : elles justifient pleinement nos éloges et notre jugement. M. M. D. Beretta, M. le comte Briganti Bellini et son frère, Blumer et Jenny, Mme veuve Morlacchi, le prince Simonetti, soutiennent admirablement la réputation d'Ancône. M. L. Baldini de Pérouse, M. Q. Oppi de Bologne, M. **Lardinelli** d'Osimo, M. **Padoa** de Cento, province de Ferrare, M. **Valazzi** de Pezaro, M. **Salari** de Suligno, représentent l'Ombrie, etc, etc. Tous ces filateurs portent noblement le drapeau des soies italiennes; ils prouvent la grande valeur des produits romains et ils recueilleront, nous n'en doutons pas, une large part de récompenses et de lauriers.

22e CLASSE.

Industrie des Lins et des Chanvres.

Nous avons déjà, dans la troisième classe, parlé du chanvre; nous n'y reviendrons que pour les produits nouveaux. M. **Balboni** (Antoine), à Reno-Centese, près Ferrare, a exposé des cordages de chanvre fort beaux. Par leur valeur, par les difficultés de leur travail, par la nécessité de leur parfaite exécution et par les conséquences qu'ils peuvent avoir sur la vie des hommes, les grands cordages de la marine marchande et militaire tiennent le premier rang dans la catégorie dont il s'agit. —Les échantillons de M. Balboni, déjà remarqués à Londres en 1851, soutiennent dignement la réputation de cette maison.

MM. **Facchini** frères, d'Ancône, ont présenté des chanvres d'une grande beauté, et M. **Trouvé** (M.) des étoupes et des chanvres peignés.

Les toiles des pays étrangers sont mieux blanchies, mieux plissées et mieux traitées que les produits de M. **Padoa** G., à Cento, près Ferrare; néanmoins, ses toiles à voiles sont solides, très résistantes; il marche sur les traces des exposants anglais, en tissant des toiles d'une grande surface, sans couture et sans apprêt.

23e CLASSE.

Tapis, Tapisseries

On appelle *tapisseries* certaines étoffes de laine placées *perpendiculairement* le long des parois d'un appartement; on appelle au contraire *tapis* des étoffes presque identiques placées *horizontalement* sur les parquets ou planchers. Enfin, on désigne ordinairement sous le nom de *tapisserie de haute lisse* celle faite sur le métier perpendiculaire, comme on travaille aux Gobelins, et *tapisserie de basse lisse*, celle faite sur le métier horizontal, comme à Beauvais.

Le plus grand obstacle à la fabrication des tapis est le prix des laines.

Cette cherté de la matière première est sans importance aucune sur la production des tapisseries et des tapis ras, puisque la matière première y entre à peine pour un dixième et la main d'œuvre pour les neuf autres; mais elle pèse lourdement sur la production des espèces inférieures.

Les procédés de fabrication des tapisseries et des tapis ras sont encore aujourd'hui ce qu'ils étaient du temps des Flamands et de Jean Gobelin : le métier n'a reçu aucune modification depuis celles qu'y a introduites l'immortel Vaucanson.

Toutefois, depuis une vingtaine d'années, on a substitué le coton à la laine dans la chaîne, même dans les établissements de l'Etat, non par économie, mais pour prévenir ou diminuer les chances de détérioration par les insectes. Les Turcs, les Tunisiens, les Algériens, les Hollandais continuent seuls à travailler en laine pure, et, pour prévenir les insectes, ils étendent un lit de feuilles de tabac entre le tapis et le plancher.

L'hospice Saint-Michel, à Ripa, dont nous avons déjà parlé dans une des classes précédentes, a envoyé à l'Exposition une tapisserie copiée sur un fragment de mosaïque antique d'un travail très fin, retrouvé à Rome en 1834, entre les portes Saint-Paul et Saint-Sébastien. Le milieu est la reproduction des colombes, mosaïque conservée dans le musée de Latran. Un autre tapis à ornements sur fond rouge, fait juger avec le précédent les effets et la fabrication des élèves du pieux hospice de Saint-Michel.

24e CLASSE.

Ameublement, Décoration.

Le placage en marqueterie a été, en France principalement, appliqué aux objets d'ameublement. Chaque siècle a amené des variations nouvelles. Sous Louis XIV, un ouvrier nommé Boule, déjà rival des Bruneleschi, des Benedotto-da-Maiono, de Florence, imagina un genre de marqueterie formé de fond d'ébène, avec une incrustation de petits filets en cuivre qui dessinaient en compartiments divers ornements de toute espèce; abandonnés depuis longtemps par la mode, ils semblent vouloir revenir en faveur. Dans le cours du dix-huitième siècle, des ébénistes sortis de la manufacture des Gobelins donnèrent par la teinture, aux lames de bois, toutes les nuances désirées, et la marqueterie devint une sorte de mosaïque de peinture. En Allemagne, un ouvrier, David Roetgen, se fit même un nom par des travaux d'un fini très remarquable. Aujourd'hui, les Allemands, les Italiens luttent d'efforts avec les ouvriers français.

M. Gatti, élevé sous le patronage de S. Em. le cardinal Amat, a dignement répondu à cette haute protection. Il expose un petit bureau-secrétaire où se retrouvent les plus belles formes de la Renaissance. Le corps supérieur du meuble est entouré d'une galerie sculptée terminée par des dauphins; sur les panneaux de devant du corps supérieur, deux vases de fleurs permettent d'apprécier et l'artiste et son talent : on y distingue l'oranger, l'œillet, la marguerite, la tulipe; des papillons aux ailes de nacre voltigent et semblent se poser sur leur calice embaumé. La partie inférieure, supportée par quatre pieds gondolés, est ornée de plusieurs médaillons représentant les grands hommes de l'Italie : le Tasse, le Dante, etc., etc. Ce meuble délicieux appartient à un Américain, que la passion pour la liberté et l'égalité humaine, n'a pas empêché d'adopter un blason, de le faire placer au sommet et de choisir pour cimier un lion rugissant. L'humble ouvrier, de son côté, n'a pas voulu laisser partir son œuvre sans y laisser un souvenir, et sur la traverse inférieure et horizontale de son chef-d'œuvre, il a joué sur son nom (Gatti, chat) et représenté un chat qui joue avec son petit.

M. Gatti a encore envoyé une belle table octogone

d'un mètre de diamètre, sur laquelle il a adapté des ornements de bon goût et bien dessinés.

Nous citerons aussi plusieurs tables et un bureau de dame de M. FERDENZONI, de Ferrare.

Le marquis MUTTI-PAPPAZURRI-SAVORELLI et son fils ont inventé un procédé de gravure sur pierre. Leur table en marbre blanc représente les dessins de Flaxman sur la *Divine Comédie* du Dante. Ici le burin de l'ouvrier est remplacé par des agents chimiques sur lesquels les exposants ont gardé le secret. Enfin, M. URTIS, de Rome, a adressé au département des Etats-Pontificaux une table ronde en plâtre durci ou stuc, imitant le marbre rouge antique, incrustée de diverses imitations de pierres précieuses; et encore des fragments de corniche également en stuc, imitant les marbres de Carrare et de Brèche.

Un Napolitain fixé depuis plusieurs années à Londres, M. ABATE, est l'auteur d'une curieuse et intelligente invention. Ses papiers de tentures et ses calicots imprimés couleur bois, sont obtenus par l'action directe des fibres qu'on veut reproduire. La machine employée est celle dont on se sert pour l'impression des tissus; seulement, le cylindre imprimant est formé du bois naturel ou marqueté que l'on veut imiter. Le papier ou le tissu passe d'une manière continue sous le rouleau, humecté préalablement d'une dissolution incolore d'hydrochlorate de manganèse. Pour faire apparaître le dessin, la bande d'étoffe est dirigée dans une caisse en bois soumise à l'action simultanée de la chaleur et du gaz ammoniac, et elle en sort imprimée, séchée, prête à être livrée au commerce.

Nous regrettons de voir M. ABATE dans le département anglais; le royaume des Deux-Siciles a le droit de revendiquer cet habile industriel. Sa découverte prouve une connaissance sérieuse de la chimie ; elle dénote une étude approfondie des moyens mécaniques, et elle est appelée à un grand avenir. Nous aurons bientôt de beaux papiers de tenture et des étoffes imprimées à des prix excessivement modérés.

25e CLASSE.

Objets de mode. de fantaisie, etc.

Nous avons étudié avec grand plaisir une industrie toute nouvelle pour nous : celle des fleurs en cire. Avant M. Pagliacci on n'avait que des résultats incomplets, mauvais. On se servait, pour modeler les feuilles, de moules très-imparfaits, très-chers, sculptés à la main dans du marbre ou sur des os. Nous avons assisté à la confection d'une rose thé : nous le raconterons à nos lecteurs.

Il faut d'abord s'occuper de la préparation des moules, des feuilles, des matières premières, puis après du montage. La rose présente quatre ou cinq grandeurs de feuilles différentes; après les avoir choisies, on les place individuellement sur de la craie en poudre; on les huile légèrement avec un pinceau, puis on les recouvre avec un peu de plâtre liquide ; la masse prise donne un véritable moule en relief dont on découpe la bordure avec un canif; il va servir à obtenir le nombre de feuilles nécessaires. Pour cette seconde opération, on met le moule dans de l'eau tiède, on fait dissoudre de la cire blanche dans laquelle on a ajouté quelques gouttes d'essence de térébenthine. On retire le moule, on l'essuie légèrement avec un linge, et on le présente à la surface du bain de cire. Si on le retire rapidement on obtient une feuille de cire qui se détache et qui est la véritable reproduction de la feuille primitive, avec toutes ses nervures, ses déchirures, etc. Des moyens analogues donnent à volonté et tour à tour toutes les espèces de feuilles et de fleurs. Pour le montage, on prépare la tige, les pistils, etc., avec de la cire de diverses couleurs, puis on pose à la main les feuilles les unes après les autres; en opérant dans un endroit chaud, la simple pression du doigt suffit, et on les assujettit davantage par des lotions de cire fondue. On donne à chaque feuille sa nuance avec un blaireau et de la couleur en poudre. Enfin, si on a un peu étudié la fleur naturelle, on arrive à monter, à chiffonner avec tous les accidents de la nature, et on termine par l'adjonction des feuilles de rosier préparées par les mêmes procédés et avec de la cire diversement coloriée.

Rien n'égale la rapidité avec laquelle opère M. le professeur Pagliacci : la nature semble renaître sous ses doigts. Sans aucun doute ces jolies créations ne peuvent servir qu'à l'ornement de nos appartements ou de pieuses chapelles, mais dans ce rôle modeste elles réclament avec justice le plus bienveillant intérêt. La copie des fruits est analogue : des poires duchesses, des pommes du Canada et toutes sortes de fruits arrivent, dans les mains de M. Pagliacci, à une ressemblance parfaite.

La manipulation de cette industrie est des plus faciles. Deux élèves de cet exposant, Mmes JACOMETTI et GUYETAN (née MICHELINI), ont mis à côté de l'ouvrage du maître le résultat de leurs études; quand on songe que ces dames n'ont pris que quelques leçons, on est tenté de marcher sur leurs traces et de les imiter.

Des religieuses du monastère de Cosimato ont encore envoyé quelques fleurs artificielles. Profitant de la forme ovoïde des cocons des vers à soie, elles s'en servent comme de matière première, et avec des couleurs et une grande habileté de montage, elles arrivent à produire de beaux bouquets destinés à orner les autels de leur couvent Nous espérons que M. Pagliacci et les Sœurs de Cosimato recevront les encouragements qui sont dus à leurs efforts et à leurs soins.

M. Andreoli (de Gubbio) a exposé un tableau de papier découpé représentant l'apothéose de Napoléon Iᵉʳ, et un avocat de Bologne, M. Livizzani, deux produits similaires: le paradis terrestre et un épisode de la guerre d'Egypte, l'entrevue du général Murat avec Mourad-Bey. Le moment choisi est celui où ces deux chefs, portant le même nom, échangent leurs armes. Le sabre du désert, enrichi de diamants, est encore aujourd'hui dans la famille du roi Murat.

M. le baron de Bourgoing, un de nos ambassadeurs les plus distingués, a demandé l'autorisation de placer dans le département romain un lustre de la plus grande beauté. Les deux couronnes qui décorent ce lustre sont composées de fleurs et de fruits; dans la plus petite ont été rassemblés les objets les plus dignes d'attention, en raison de la beauté des pierres et de la perfection du travail. On peut signaler, entre autres, deux fleurs formées de grenats d'une grosseur et d'une nuance remarquables, une prune en émeraude, un bouquet de lilas dont les fleurons sont en améthyste du travail le plus délicat, une grande fleur en cristal de roche irisé, dont le centre est un rubis et le calice en émeraude, une grappe de raisin en lapis-lazuli, une branche de fleurs en turquoises: on voit sur cette même couronne des cerises et des bigarreaux en cornaline d'une grande vérité d'imitation; en outre, un bouquet de roses mousseuses en quartz rose, une touffe de fraises en opale rose et des pommes d'api de la couleur la plus vive.

Dans la couronne supérieure, qui a trois mètres de pourtour, se trouvent une grande grappe de raisin en améthyste, une immense poire en topaze, des branches de prunes en améthyste, des fleurs fantastiques en pierres du soleil, en labrador, en pierres des amazones, deux grandes fleurs ayant un saphir à leur centre. Enfin, la colonne du milieu est composée de pièces d'enfilage en cristal de roche d'une exceptionnelle grosseur.

Le psalisomètre est un instrument de l'invention de M. Scariano, de Palerme; il sert spécialement à la coupe des habits. Composé de quelques tiges de cuivre graduées et de ressorts, il permet de tracer tous les corsages. Pour s'en servir, il suffit de prendre onze mesures aussi exactes que possibles, plus un diamètre d'épaule avec le compas d'épaisseur. L'instrument coûte 2 ou 300 fr. Pour en tirer parti, on n'a besoin d'apprendre aucune méthode : il faut savoir seulement manœuvrer les ressorts, ce qui devient facile au bout de quelques instants. Avec cet instrument, un enfant peut tracer dix fois de suite d'après les mêmes mesures et obtenir toujours une identité de patrons. Cette invention est une des choses remarquables de l'Exposition. S. Exc. M. le maréchal Vaillant, ministre de la guerre, a donné l'ordre de l'examiner ; elle nous semble tout à fait digne d'une honorable distinction.

26e CLASSE.

Imprimerie, Photographie.

Que de pas de géant nous avons faits depuis Fabricius, qui, en 1566, découvrit le premier l'influence de la lumière sur les sels d'argent ! Niepce et Daguerre sont venus, il y a vingt ans, étonner notre siècle par une des plus belles découvertes des temps modernes. Le daguerréotype lui-même a donné naissance à la photographie et permit de réaliser les progrès que nous admirons aujourd'hui. Il serait trop long de raconter le passé, et difficile de faire pressentir l'avenir de cette admirable industrie. Ce qu'on peut affirmer sans crainte, c'est que les sciences naturelles et archéologiques y trouveront sans cesse des ressources inconnues. Le soleil de l'Italie favorise plus qu'on ne saurait le dire ce genre de produits; aussi M. Dovizielli, de Rome, a exécuté et fournit au monde entier des images exactes et parfaites de tous les monuments romains. Exprimons cependant un regret sur le prix encore élevé de ces photographies : 6 fr. la feuille. Le jour (que nous appelons de tous nos vœux) où ces productions seront dans le commerce à des prix très-modérés, tous les hommes studieux et les voyageurs rapporteront à leurs foyers une source pure et certaine de science et de souvenir.

M. Volpato a exposé le dessin d'une fontaine monumentale.

M. Balbi, de Rome, dans une tête anatomique (vulgairement appelée tête d'écorché), a représenté tous les muscles, tous les tendons, tous les mouvements de la chair, par des corps humains réunis dans les positions les plus naturelles et les plus hardies. Ce travail, qui dénote une connaissance peu commune de l'anatomie, est de l'aspect le plus saisissant. Nous espérons pour cette page originale et habile une bienveillante mention. Un ouvrage imprimé par M. Fernandez, initie aux coutumes et aux cérémonies de la cour de Rome; des lithographies coloriées, en assez grand nombre, font aussi connaître les vêtements des principaux ordres religieux. Enfin, M. Riccio, de Naples, a obtenu, par un procédé particulier de galvanoplastie, la reproduction et la copie des plus belles médailles de l'antiquité. Ces empreintes métalliques sont réunies en planches reliées en volume, et rendent facile l'étude de la numismatique et de l'histoire.

Il ne nous reste plus qu'à citer les produits de la Judée. Il était plus que naturel de voir les malheureux gardiens du tombeau de Jésus-Christ venir s'abriter sous le drapeau des descendants du prince des apôtres. Le commerce de ces pays désolés est presque nul. Ils ne nous ont pour ainsi dire envoyé que des souvenirs: des sujets religieux sculptés sur pierre tendre, des objets en nacre, des coquilles représentant l'adoration des Mages, etc., etc. Les sculptures de Bethléem sont faites avec la pointe d'un couteau par un Arabe, Dazeik (Elias Ben-Gibrail), qui n'a jamais reçu la moindre notion de dessin. Puissent les décrets de la divine Providence redonner au tombeau du Sauveur la liberté que les catholiques attendent depuis si longtemps!

27e CLASSE.

Cordes harmoniques.

La fabrication des cordes d'instruments n'est pas très-ancienne en France. Elle fut introduite par un ouvrier napolitain, Nicolas Favaresse, qui monta une fabrique à Lyon vers l'an 1766. Les procédés de fabrication ont été longtemps considérés comme des secrets; c'est par suite des prix que la Société d'Encouragement a proposés pour le perfectionnement de cette industrie, qu'elle a pris dans notre pays une extension et une perfection capables de lutter avec celles de l'Italie.

Beaucoup d'artistes continuent à attribuer une supériorité réelle aux cordes de Naples, surtout pour les chanterelles à trois fils. On les obtient avec les trois intestins grêles du mouton : le *duodenum* , le *jejunum* et *l'ilion.* M. C. di Bartolomeo, de Naples, dont le nom est honorablement connu dans la fabrication des cordes harmoniques, a envoyé une belle collection pour violon, alto et violoncelle. Elles se recommandent toutes par la résistance, la qualité du son, la transparence et la blancheur.

Les beaux-arts et l'industrie sont un des éléments les plus essentiels à la vie des nations : ils en manifestent l'intelligence et ils en constatent la grandeur. Tandis que l'Europe s'agite, ses enfants, sans en ressentir les atteintes, produisent, multiplient avec une étonnante fécondité. L'Exposition universelle de 1855, supérieure à celle de Londres, témoigne de cette singulière activité; elle laissera dans les annales européennes une trace brillante; elle ouvre au monde un immense horizon de libre-échange, de bien-être général et de fraternité.

Leurs Majestés l'Empereur et l'Impératrice ont consacré les derniers jours de l'Exposition universelle à visiter les produits les plus remarquables du Palais de l'Industrie. Le 1er novembre restera comme une date heureuse dans la mémoire des exposants de l'Italie méridionale. Leurs Majestés ont examiné avec le plus bienveillant intérêt les draps de l'hospice de Saint-Michel, la colonne trajane, les marqueteries de M. Gatti, les bijoux de M. Avolio, les mosaïques romaines de M. Galland, les camées de M. Michelini, et les fleurs en cire de M. Pagliacci. Ce dernier a eu l'honneur de causer longtemps avec l'Empereur, de lui indiquer les procédés nouveaux de son industrie et de lui offrir son chef-d'œuvre pour ses palais.

Notre rapide étude touche à sa fin. Nous avons passé en revue les produits exposés par les États-Pontificaux. Nous osons espérer que notre travail, bien imparfait sans doute, contribuera à faire rendre justice au saint Pontife qui préside aux destinées du monde chrétien.

Nous n'avons pas à parler des actes officiels du Saint-Père; mais ce que nous pouvons dire hautement, sans sortir de notre cadre, c'est son zèle inépuisable, ce sont les encouragements journaliers dont il n'a cessé d'entourer les beaux-arts et l'industrie. Pie IX a ordonné la restauration de Saint-Paul-hors-les-Murs; il prescrit l'exécution des mosaïques monumentales de cette église; il augmente la magnificence de ses palais, des musées, par des commandes nouvelles, par la restauration des tableaux des maîtres passés, etc., etc. C'est encore Sa Sainteté qui a fait placer ces jours derniers, dans la bibliothèque du Vatican, les peintures antiques découvertes sur la via Grazioza, qui a rendu aux amateurs studieux la magnifique collection des sept peintures grecques, représentant les voyages d'Ulysse et des scènes de l'Odyssée, et qui recueille dans les salles du rez-de-chaussée du palais de Latran les œuvres d'art les plus précieuses de l'antiquité chrétienne.

TABLE ALPHABÉTIQUE

DES NOMS DES EXPOSANTS

et des personnages divers cités dans la notice.

L'astérisque * mise devant un numéro renvoie aux suppléments.

TABLE

PAR ORDRE DE MATIÈRES

RÉSUMÉ ET LISTE DES RÉCOMPENSES (1).

Nous terminerons notre notice par la liste des récompenses accordées aux exposants de l'Italie méridionale. Les résultats obtenus par les industries romaines et napolitaines sont si honorables, qu'il suffit de les énoncer.

Dans la section des Beaux-Arts, 6 récompenses sont à répartir entre 18 artistes, ou 33 pour 100.

Dans la section de l'Industrie, 55 récompences appartiennent à 71 exposants, ou 77 pour 100.

DÉTAIL DES RÉCOMPENSES.

BEAUX-ARTS.

Officier de la Légion-d'Honneur..	M. CALAMATTA.
Première médaille d'or.........	id.
Chevalier de la Légion-d'Honneur.	M. GIBSON.
Deuxième médaille d'or.........	M. le Cher PODESTI.
Mention honorable.............	M. BENZONI.
Id.	M. BONNARDEL.

(1) Extrait du *Moniteur* du 8 décembre 1855.

INDUSTRIE.

1re CLASSE.

Médaille de première classe.

S. Ex. Mgr Ferrari, ministre des finances des États-Pontificaux.

3e CLASSE.

Médaille de première classe.

MM. Facchini frères (de Bologne).

Médaille de seconde classe.

Société d'Agriculture de Bologne.

Mention honorable.

Institut agricole de Ferrare.

6e CLASSE.

Médaille de seconde classe.

M. Scariano.

8e CLASSE.

Médaille de seconde classe.

M. Scariano.

10e CLASSE.

Médaille de seconde classe.

M. Miliani.

Mention honorable.

M. Anca (le baron).

M. Bottoni.

M. Genevois.

M. Muti Papazzurri Savorelli (le marquis).

11e CLASSE.

Médaille de seconde classe.

M. Bianconi.

14e CLASSE.

Médaille de seconde classe.

M. Muti-Papazzurri-Savorelli.

Mention honorable.

M. Bettanzoni.

M. Olivieri.

M. Ossoli.

M. Urtis.

17e CLASSE.

Médaille de première classe.

M. Avolio.

M. Corradini.

M. Galland.

M. Michelini.

Médaille de seconde classe.

M. Barberi.

M. Spagna.

Médaille de seconde classe de collaborateur.

M. Roccheggiani père.

M. Roccheggiani fils.

20e CLASSE.

Médaille de seconde classe.

Hospice apostolique de Saint-Michel a Ripa.

21e CLASSE.

Médaille de première classe.

M. Beretta.
M. Feoli (le commandeur).
M. Oppi.

Médaille de seconde classe.

M. Baldini.
M. Briganti-Bellini (le comte).
M. Lardinelli.
M. Salari.
M. Simonetti (le prince).
M. Valazzi.

Mention honorable.

M. Merlacchi.
M. Padoa.

22e CLASSE.

Médaille de seconde classe.

M. Facchini.
M. Trouvé.

23e CLASSE.

Médaille de seconde classe.

Hospice apostolique de Saint-Michel.

24e CLASSE.

Médaille de première classe.

M. Gatti.
M. Galland.

Médaille de seconde classe.

Mme la marquise Sampieri.

Mention honorable.

M. Moglia (le chevalier).

Médaille de seconde classe de collaborateur.

M. Rocchegiani père.
M. Rocchegiani fils.

25e CLASSE.

Médaille de seconde classe.

M. Paggliacci.
Les Dames religieuses de Cosimato.

26e CLASSE.

Médaille de seconde classe.

M. Balbi.
M. Dovizielli.
M. Muti-Papazzuri-Savorelli (le marquis).

Mention honorable.

M. Dazeick.
M. Dies.
M. Elias.
M. Riccio.

27e CLASSE.

Médaille de premiere classe.

M. Bartolomeo.

RÉSUMÉ GÉNÉRAL.

BEAUX-ARTS.

1 croix d'officier de la Légion-d'Honneur.
1 croix de chevalier.
1 première médaille d'or.
1 seconde médaille d'or.
2 mentions honorables.

INDUSTRIE.

12 médailles de 1re classe.
28 médailles de 2e classe.
15 mentions honorables.

61

On doit ajouter à cette liste M. Abate, industriel napolitain, qui a exposé dans le compartiment anglais et obtenu une médaille de 1re classe dans la 26e classe, et une médaille de 2e classe dans la 24e classe.

www.ingramcontent.com/pod-product-compliance
Ingram Content Group UK Ltd.
Pitfield, Milton Keynes, MK11 3LW, UK
UKHW020340180726
13839UKWH00002B/830